Questions about hydrogen energy

氢能百问

国家电投集团氢能产业创新中心　编著

中国电力出版社
CHINA ELECTRIC POWER PRESS

内 容 提 要

《氢能百问》是一本问答类氢能技术普及读物。本书通过问答的方式，结合国内外氢能发展现状，详细阐述了氢能基础知识和氢能产业概况，系统分析了制氢技术、储氢技术、输氢技术与氢能应用技术，对各种技术的优缺点、国产化情况、可行性、经济性进行了客观比较，对氢能发展方向、应用前景等进行了预测。另外，本书还对氢加注、氢燃气轮机、氢冶金化工等领域应用和技术可行性进行了分析探讨。

本书适合从事氢能产业投资、规划、研究等的相关人士和广大科技爱好者参考使用。

图书在版编目（CIP）数据

氢能百问 / 国家电投集团氢能产业创新中心编著 . — 北京：中国电力出版社，2022.1
（2023.1重印）

ISBN 978-7-5198-6381-4

Ⅰ.①氢… Ⅱ.①国… Ⅲ.①氢能—问题解答 Ⅳ.① TK911-44

中国版本图书馆 CIP 数据核字（2021）第 269865 号

出版发行：中国电力出版社
地　　址：北京市东城区北京站西街 19 号（邮政编码 100005）
网　　址：http://www.cepp.sgcc.com.cn
责任编辑：刘汝青　（010-63412382）　赵鸣志
责任校对：黄　蓓　郝军燕
装帧设计：赵姗姗
责任印制：吴　迪

印　　刷：北京九天鸿程印刷有限责任公司
版　　次：2022 年 1 月第一版
印　　次：2023 年 1 月北京第五次印刷
开　　本：710 毫米 ×1000 毫米　16 开本
印　　张：16.5
字　　数：154 千字
印　　数：5501—7500 册
定　　价：78.00 元

序　一

在 2020 年 9 月 22 日第七十五届联合国大会上，习近平总书记庄严宣告：中国二氧化碳排放力争于 2030 年前达到峰值，努力争取 2060 年前实现碳中和。"碳达峰、碳中和"目标充分展现了我国坚持绿色发展、应对气候变化的责任担当与坚定决心，为中国未来的绿色能源发展道路指明了方向。我国从"碳达峰"走向"碳中和"的时间只有短短 30 年，远远低于美国、日本、欧盟等国家和地区。这对于我们来说是巨大的挑战，也是难得的机遇。

从万年前柴薪时代开始，到 18 世纪末的蒸汽机，再到 19 世纪中叶伴随内燃机而来的电能，人类发展历史中每次工业革命的背后都与能源革命紧密相关。随着现代工业革命向前推进，未来的能源发展趋势必然是从化石能源向非化石能源的转变。我国当前的能源结构具有多煤、少油、缺气的特点，化石能源占比过高、石油与天然气进口依存度大、风光间歇性能源消纳困难，以及能源利用对环境影响大等问题，都是未来需要应对的重大挑战。

新一轮绿色工业革命的大幕已经徐徐拉开，为了解决能源发展的"碳"问题，维持地球的物质平衡、能量平衡和生态平衡，需要我们转变能源发展方式，实现能源绿色转型。一方面，要让"黑色能源"实现"绿色发展";另一方面，要促进可再生能源、绿色能源比重大幅度上升，使其逐步占据主导地位。这就需要新的技术或终端能源的出现，使得无碳能源得到大规模利用，而氢能这一零碳能源的诞生，为能源使用和体系完善提供了更多选择。

碳中和背景下的未来能源体系，将由以新能源为主体的新型电力系统和以可再生能源制氢为主体的绿氢网络协同构成。在新型电力系统中，氢能作为规模化的重要储能载体，是解决风光发电间歇性和波动大、电网消纳难的有效途径。随着新能源发电的接续性、生产不稳定性得到解决，可再生能源会迎来极大的发展，电力行业将实现大规模减碳。在工业领域，氢是应用广泛的清洁零碳原料，有助于实现化工、冶炼、建材、交通等高耗能行业的深度脱碳，加快碳中和进程。

氢能是替代化石能源、保障国家能源战略安全的重要手段。在交通、化工、钢铁等领域，使用绿氢大规模替代油气，有效降低我国油气的对外依存度，实现能源自主。构建既独立又相互补充的电网和氢网，可以实现能源结构的多元化，提升电网抗风险能力和能源供给保障能力。发展氢能能够使我国在能源供给上逐步摆脱对外依赖，保障国家能源安全，提高能源结构的稳定性。

氢能是推动产业绿色转型升级的重要途径。氢能产业链包括制、储、输、用等环节，科技含量高，能够有效带动新材料、智能制造、新型交通等高端装备制造业快速发展。大规模利用绿氢，能够倒逼冶炼、化工、重型交通等传统高耗能行业产业升级和技术进步，实现新旧动能转换，促进传统产业转型升级。

近年来，世界主要发达国家纷纷布局氢能产业，我国不能在新一轮全球能源革命中掉队，而要奋力抢占这一能源革命制高点。氢能的大规模应用将对能源、电力、交通、化工等关系国计民生的领域产生巨大影响，我国必须掌握氢能关键核心技术，实现科技自立自强。

作为中央企业，国家电力投资集团始终坚持大力发展清洁能源，致力于建设具有全球竞争力的世界一流清洁能源企业，新能源和可再生能源发电装机规模均位居世界第一，清洁能源装机占比已超 60%。同时，国家电力投资集团非常重视氢能产业和技术发展，在氢能关键技术和装备、氢能交通、绿电制氢、加氢站等方面开展了大量实践，解决了许多制约氢能行业发展的"卡脖子"问题，在核心技术及产品自主化、装备产业基地建设、氢能示范应用等多个方面已走在前列。

"碳达峰、碳中和"目标的实现和氢能产业的发展，需要各界同仁的共同努力。《氢能百问》通过问答的方式深入浅出地阐明氢能产业链各环节的典型技术，解答氢能产业相关问题，对氢能技术和产业研究具有很好的参考价值。该书由国家电投集团氢能产业创新中心精心编制而成，全面、详尽地阐述了产业概况，系统地分析了产业链技术经济性、优缺点、国产化情况，体现了编写组对氢能产业和技术的思考。希望该书能解答人们对于氢能的疑惑，让更多的人受到启发。

国家电力投资集团有限公司董事长、党组书记　钱智民

2021 年 12 月

序 二

当今世界，化石能源产生的二氧化碳等温室气体排放带来的温室效应越发凸显，寻找低碳或零碳排放的能源作为化石能源的替代一直是人类的不懈追寻目标。氢能作为符合这一目标的能源形式，具有清洁零碳、安全高效、来源广泛、用途多元等特点，在能源变革过程中具有重要意义。

习近平总书记在 2020 年 9 月 22 日的联合国大会上提出我国二氧化碳排放力争于 2030 年前达到峰值，努力争取 2060 年前实现碳中和的目标。这一目标不仅体现了大国担当，也是由我国可持续发展的需求决定的。为了实现"碳达峰、碳中和"目标，需要利用可再生能源在工业、居民生活、建筑、农业等各个领域全面替代化石能源，实现能源体系的绿色转型。氢能作为能源绿色转型的重要媒介，在实现碳中和过程中有着不可或缺的地位。以可再生能源制氢，在交通、冶金、化工、建筑等领域实现深度脱碳是当下中国能源结构深度转型的重要助推力，受到了广泛的关注。我国的制、储、输、用氢能产业链已经形成，技术水平正在迎头赶上，市场空间巨大。

国家电力投资集团作为国内氢能行业先行者，始终坚持核心技术自主化、产业研发与高端制造相结合，国家电投集团氢能产业创新中心在氢能技术创新、行业研究、技术交流、产业合作等方面开展了大量工作，具有丰富的行业经验。这样一个团队所编写的氢能科普书籍，兼备实用性与科学性，同时涵盖技术、产业、生活等多个视角。

　　该书填补了氢能科普读物的空白，让氢能这一热点话题走进大众视野，以专业、全面的视角作为切入点，深入浅出地回答了关于氢能的全方面、多角度、各层次的问题，具有较强的借鉴意义。

国家能源委员会专家咨询委员会委员

中国工程院院士　彭苏萍

2021 年 12 月

序 三

目前，世界各国都在积极以各种措施应对新的能源挑战，新一轮能源革命大幕拉起。构建以风光水电和氢能等新能源为主体的新型能源系统，脱离对化石能源依赖，实现深度脱碳，是实现"碳中和"目标的关键。氢能作为清洁零碳能源，在这一过程中注定扮演着重要角色。

我国氢能产业发展势头迅猛，氢能产业受到国家及地方政府的高度重视，氢的应用已从传统的化工、炼油、航天等领域逐渐向交通运输、固定和移动电源、分布式发电、储能等各个领域拓宽。氢能的相关技术研发不断突破，应用场景不断丰富，市场规模不断扩大。绿氢制备、氢能储运、燃料电池、氢加注等技术方向都得到了充分重视，已经形成较为完整的氢能产业链。

国家电投集团是我国重要的清洁能源供应商，高度重视氢能的发展。该书编者来自国家电投集团氢能产业创新中心，在氢能领域长期从事相关工作，积累了丰富的理论知识与产业经验。该书从政策战略、行业技术、产业现状等各个角度，对氢能基础理论、专业技术与应用分析等方面进行了详细阐释，很好地平衡了科普性与专业性。

通过阅读该书，更能深刻体会到，在实现"碳达峰、碳中和"这一伟大而深刻的社会系统性变革中，我们应当如何理解氢能所处的地位与可发挥的作用。对于有志从事、投资氢能产业的读者来说，这是一本全面详尽的行业指南；对于已经从事氢能产业的读者来说，这是一本简洁易用的技术概要；对于广大科技爱好者来说，这是一本既通俗又前沿的科普读物。

中国工程院院士　郑津洋

2021 年 12 月

序 四

习近平主席在 2020 年 9 月 22 日的联合国大会上宣布了我国二氧化碳排放力争于 2030 年前达到峰值，努力争取 2060 年前实现碳中和的目标。应对气候变化、绿色转型发展在我国已成为全社会的共识。作为以煤炭、石油为主要燃料的世界第一碳排放大国，要在 10 年内实现碳排放达峰值、40 年内实现碳中和，任务是十分艰巨的。在"百年未有之大变局"的环境下，能源安全也至关重要。在众多能源形式中，氢能是唯一可大规模替代化石能源的零碳无污染实体能源，在实现"碳达峰""碳中和"的进程中，氢能有着不可或缺的地位和作用。发展氢能，一方面可以打破可再生能源并网消纳的瓶颈，加速可再生能源资源开发利用；另一方面可以对煤炭、石油等传统化石能源进行替代，减少对化石能源特别是油气的依赖度，并提高我国能源的自给率和安全保障。

通过可再生能源发电－电解水制取绿氢，可以大规模消纳风光等波动性能源。通过"电－氢"耦合，可以提高电网系统抗风险能力和稳定性，增强电网供应体系的韧性。氢能用于交通领域，可以大规模进行油气替代，有效降低油气进口依存度。氢能用于工业领域，可以实现传统高耗能产业深度脱碳。未来，氢能将会广泛应用于车辆、船舶、航空、轨道交通、储能、分布式发电、备用电源等领域；还可以作为原料用于生产合成氨、合成甲醇等化工产品，石油炼化及氢冶金等。氢能将是我国未来新型能源体系的重要组成部分。氢能在促进大气环境治理、平衡南北地区经济发展、推动能源科技创新、提升国际竞争力等方面也具有重大意义。

欧美日韩等世界主要发达国家和地区都十分看重氢能的发展，近年来纷纷加快氢能产业布局，开展氢能示范项目。氢能产业已经进入商业化发展前期。美国氢能产业起步较早且发展平稳，在氢能制备、储运方面有较强的技术积累，在交通、分布式电源、家用热电联产等多个领域开展了氢能的规模化应用。日本、韩国的氢能产业发展重点突出，以燃料电池及基础设施为主。日本专利拥有量全球第一，优势是家庭用燃料电池热电联供和燃料电池汽车商业化运作，韩国现代NEXO氢燃料电池乘用车的销量全球第一。欧盟注重氢能产业整体发展，氢气运输技术世界领先，大力发展绿氢及氢冶金等具有较大减排潜力的技术。各国根据自身资源禀赋和产业现状，已经形成各有特点、符合本国国情的氢能发展战略、支持政策和研发体系。

我国氢能产业潜在市场空间巨大，发展势头迅猛，已形成较为完整的氢能产业链，基本具备加快发展的基础条件。令人欣喜的是，虽然我国氢能产业起步较晚，但在制氢、储氢、输运、应用各领域正在迎头赶上：碱性电解水制氢技术成熟，成本在国际上有着明显优势；已掌握 PEM 电解水制氢核心技术，正在开展产业化；高压气态储运技术与国际先进水平接近，固态储氢和有机液态储氢等前沿技术水平基本与国外同步；加氢站建造运营技术成熟，关键设备基本实现国产化；燃料电池自主产品已获得批量化应用；等等。这些都说明我国氢能产业研发创新能力和技术进步很快，这是非常值得骄傲的。

值得一提的是，我国的氢能产业已初步形成华北、华东、华中、华南、西南等氢能和氢燃料电池汽车产业群，涌现出一批有代表性的城市和企业。国家电投、中国石化等一批特大型中央企业的进入，极大地加速了我国氢能产业的发展进程，亿华通、上海重塑等众多优秀的民营企业也正在快速成长，有实力的跨国公司也在向我国氢能市场聚集。据不完全统计，我国氢能相关企业已超过 2000 家。

在这样的背景下，中国产业发展促进会氢能分会汇聚了近百家国内与国际氢能产业链骨干企业和研究机构，积极推动会员单位之间的合作交流，代表行业向国家有关部门建言献策，共同推动我国氢能产业的发展。

近期，氢能领域有诸多标志性事件发生，如《能源法》明确把"氢"列入能源体系，"示范城市群"等一系列政策措施的发布，新能源制氢示范项目的规划建设，氢燃料电池车的批量化采购应用，新产线的建设、技术的提升和成本的下降等。但是，在行业热度高涨的同时也应看到，我国氢能产业尚处于起步阶段，也存在关键材料部件核心技术尚未自主突破、设备产品成本高、基础设施建设不足、商业化推广模式尚未建立等困境。氢能产业的发展需要社会各界的积极参与和大力支持，尤其是科研机构和企业单位的奋力攻关与创新推动。

氢能产业行业关注度高，产业链长，体系复杂，横跨能源、化工等诸多领域，技术环节多。但是市面上相关的技术类书籍或是实用类书籍都比较少，导致很多人对氢能感兴趣，但是没有渠道去进行全面、快速的了解。

感谢国家电投集团氢能产业创新中心在此时编写了《氢能百问》一书，编写团队多次赴企业考察调研，与氢能领域专家广泛沟通，并结合自身多年的氢能从业经验，较为详尽客观地对业界普遍关心的技术问题一一作出解答。此书对于了解和研究氢能产业有重要的参考价值，能为广大关注氢能的读者打开一扇大门，为大家深层次了解氢能提供帮助。

让我们共同为氢能事业奋斗，迎接氢能时代的到来。

中国产业发展促进会氢能分会会长　魏　锁

2021 年 12 月

　　氢能是一种清洁低碳、灵活高效、来源广泛、应用多元的能源形式,在我国经济社会发展和能源绿色低碳转型中具有重要的地位和作用,是实现"碳达峰、碳中和"目标的重要推动力。国际主要国家和地区都高度重视氢能在未来能源体系中的地位,将发展氢能产业提升到国家战略高度。氢能的研究与应用在我国也具有巨大战略意义与迫切实际需求,我国氢能产业已进入一个飞速发展的阶段。

　　国家和地方政府都高度重视氢能产业发展,我国已形成较为完整的氢能产业链,氢能关键核心技术自主化取得重要突破,新技术、新成果、新产品不断涌现。我国氢能市场空间巨大,在氢能产业快速发展的同时,越来越多的从业人员进入这个行业,氢能相关话题也已经成为政府、社会、学术界和产业界广泛讨论的热点。因此,国内对介绍氢能领域的技术、产业和政策问题的综合性书籍的需求较为迫切,但囿于氢能的新兴产业属性和迅猛发展速度,目前能够满足这一需求的书籍、资料较少,远不能满足氢能从业人员的需求。

　　本书编写团队所在的国家电力投资集团是较早开始从事氢能研

究的企业之一，初始就确立了坚持核心技术自主化、布局氢能全产业链的发展战略，在制氢、燃料电池、氢储运、氢加注等多个领域均开展了研发工作，并已掌握一系列自主化技术。同时，国家电力投资集团与多地政府合作，以战略合作、示范项目等形式在全国多个地区协同发展氢能，在开展研发创新和氢能项目工作的实践中，积累了丰富的氢能研发经验和氢能产业信息，并对许多氢能问题进行了思考，形成了一些心得和见解。立足以上工作，我们决定编写一本问答类的氢能普及书籍，希望藉由此书，对有意向加入氢能行业、共同建构能源新格局的读者提供一个技术与产业实践结合的独特视角，也真诚地希望能够对有兴趣了解氢能的读者有所帮助。本书编写团队对国家电力投资集团在氢能领域的实践经验进行了总结和概括，同时参阅了大量相关的国内外书籍、文献，也对多个公司、项目进行了实地走访与调研，开展了大量的内部讨论，广泛吸取了意见建议，最终形成了本书。

本书第一章对氢能基础知识进行了介绍，包括氢的特性、氢能对于能源系统的意义、氢能的低碳能源属性、氢能安全性等。第二章介绍了氢能产业概况，主要涉及氢能国内发展规模、各国战略政策、氢能国际组织、产业环节和标准流程等。第三至第五章对制氢、储氢和输氢的不同技术原理、特点做出简要介绍的同时，分析对比了不同的技术思路，从可行性、经济性等方面做了详细阐释。此外，还介绍了国内外的前沿技术现状、知名厂商和代表产品。第六章着重介绍了氢能的应用，包括不同类型燃料电池的原理和特点、关键技术、应用场景、代表产品与厂商、不同应用终端、配套设备等，并对氢加注、氢燃气轮机、氢冶金化工等领域应用和技术可行性进行了分析探讨。

本书由国家电投集团氢能产业创新中心主任李连荣主编，氢能产业创新中心骨干技术人员参与编写。在编写过程中，国家电投集团氢能科技发展有限公司及其他相关单位的专家提供了宝贵的技术意见，北京市科学技术委员会提供了大力支持，对此表示衷心的感谢。

限于编者水平，书中难免存在疏漏与不妥之处，敬请读者批评指正，在此致以诚挚感谢。

本书编委会

2021 年 12 月

目 录

第一章　氢能基础知识

第二章　氢能产业概况

第三章　制氢

第四章　储氢

第五章　输氢

第六章　氢能应用

H₂

氢能基础知识

一、氢能源的主要特性是什么？

氢是宇宙中丰度最高的化学元素。宇宙中的氢主要以单原子形态和等离子态存在。在地球表面，氢是丰度排第三的元素，广泛存在于水和碳氢化合物中。在地球的常规条件下，氢的单质以双原子气体存在。氢能具备以下主要特性：

图 1-1　氢能的特性

1. 来源广泛

氢元素储量丰富，来源广泛，能够满足大规模应用需求。氢占宇宙质量的 75%，也是地球的重要组成元素之一。氢气可以通过水电解、化石燃料重整、生物质气化等途径制取，氯碱、焦化、冶金等工业企业也有大量副产氢气。特别是基于可再生能源发电耦合电解水制取氢气，实现了全生命周期的绿色清洁，是可再生能源实现大规模应用的关键路径之一。

2. 便于储存

氢是一种实体能源，储存形式多样，运输手段灵活，适应长期储存和长距离运输。氢能够以高压气氢、液氢、液态有机化合物、固态金属氢化物的形式进行储存，并通过交通设施、输氢管道进行运输，还能以一定比例掺入现有天然气管道，通过在管道下游分离出氢气的形式进行输送。

3. 灵活高效

氢热值高，利用形式多样，可作为替代化石燃料的新型燃料。氢的热值高达 142MJ/kg，是煤炭、汽油等化石燃料的 3~4 倍，既可以通过氢内燃机和氢燃气轮机直接燃烧提供动力和电力，还能够通过氢燃料电池发生电化学反应实现供电供热。氢燃料电池的一次转化效率高达 50%~60%，明显高于传统燃油发动机的 30%~40%。综合考虑热值和转化效率，当作为动力应用时，1kg 氢气相当于 6~7L 汽油或 4~5L 柴油。

4. 清洁低碳

氢清洁低碳，应用过程只产生清洁的水。氢不论是用于燃烧还是用于燃料电池电化学反应，都不会生成化石能源使用过程中所产生的污染物和碳排放，反应产物只有纯水，真正实现零碳排放。

5. 安全可控

氢密度小，扩散系数大，在开放空间中会迅速扩散，稀释到非可燃范围，在开放空间安全可控。在受限空间做好实时监控及通风等措施，也能够安全可靠地开展氢能应用。氢的工业应用已超过百年历史，长期的实践证明，氢气是一种安全性较高的能源。

二、为什么说氢能是清洁低碳的能源？

在氢的应用过程中，氢与氧反应只生成能量和水。氢在燃烧、燃料电池电化学反应过程中或是作为工业原料，都不会生成化石能源使用过程中所产生的污染物和二氧化碳，可以真正实现零碳排放。采用可再生能源制氢，如采用风电或者光伏发电电解水制取绿氢，则可以实现全生命周期零碳排放。

图 1-2　能源形式

人类使用的终端能源主要包括石油、煤炭、天然气、电能、热能、氢能以及合成气、甲醇等其他能源。其中，石油、煤炭、天然气以及合成气、甲醇的应用均会产生大量碳排放，而热能应用范围有限，因此氢能是除电能外唯一可广泛应用的零碳终端能源，也是唯一可广泛应用的零碳实体能源。氢能应用场景非常广泛，将是未来能源系统中必不可少的一部分，也将是未来实现碳中和目标的关键。

三、氢与其他常见能源如何折算？

氢的高热值是 142MJ/kg，低热值是 120MJ/kg。从燃烧放热角度来看，如果是按照高热值数据，则 1kg 氢相当于 2.95kg（4.06L）汽油、3.08kg（3.65L）柴油、2.58kg［3.57m³（标况）］天然气或 39.4kWh 电量。由于燃烧或者用于燃料电池发电时冷凝热一般无法利用，我国通常按照低热值来计算。按照低热值数据，则 1kg 氢相当于 2.7kg（3.7L）汽油、2.8kg（3.38L）柴油、2.4kg［3.35m³（标况）］天然气或 33.3kWh 电量。

表 1-1 多种能源热值参数比较

参数	氢	汽油	柴油	天然气	锂电池
低热值（MJ/kg）	120	44.5	42.3	50	—
高热值（MJ/kg）	142	48	46	55	—
发动机效率（低热值）	40%~60%	20%~35%	35%~43%	—	90%

当氢能采用燃料电池的方式来利用时，燃料电池效率明显高于燃机，因此氢与汽油、柴油等折算时还要考虑效率。燃料电池系统效率（低热值）为40%~60%，远高于汽油或者柴油发动机。选取典型的效率值，燃料电池系统效率为50%，汽油机为28%，柴油机为38%，锂电池系统效率为90%，则1kg氢用于燃料电池车辆时，大约相当于6.9L汽油、4.5L柴油或者18.6kWh电量的锂电池。

图1-3　氢气用于燃料电池车与不同能源折算示意

四、氢能主要应用于哪些领域？

氢用途广泛，是支撑可再生能源大规模发展的理想载体，是实现工业、交通和建筑等领域大规模深度脱碳的最佳选择。氢能在工业、储能、交通、军事等领域均可发挥重要作用。

图 1-4　氢能应用范围

1. 工业

我国将近 30% 碳排放来源于工业用能（不含电网供电），氢能利用是冶金、化工、炼油等工业部门进行深度脱碳的有效途径。中国钢铁行业 90% 以上的产能是采用高炉（BOF）技术生产的长流程钢，利用氢气的高还原性，直接用氢气代替煤炭作为高炉的还原剂，可减少乃至完全避免钢铁生产过程中的二氧化碳排放。化工、炼化行业中，氢可用作合成氨、合成甲醇的工业原料，或在石油炼化过程中作为加氢精制、加氢裂化的原料。可再生能源制氢耦合冶金、化工、炼油等工业用户，可助力工业部门实现深度脱碳。

2. 储能

氢能是构建以可再生能源为主体的新型电力体系的重要方向。在可再生能源发电环节，氢可作为规模化储能载体，通过可再生能源电解水制氢再发电回网的方式，实现电网削峰填谷，解决风、光等可再生能源发电间歇性和波动大的问题，增加电力系统灵活性，促进新能源稳定并网，从而达到大规模消纳可再生能源的目的。

3. 交通

氢能可以发挥清洁无污染、转化效率高等优势，实施传统化石燃料替代，实现交通运输行业低碳化转型。在道路交通领域，燃料电池大巴、重型卡车、物流车、拖车等大功率、长续航商用车相比于纯电动汽车，具有加注时间短及续航里程长等优势。燃料电池有轨电车除具有清洁、环保、高效等优势外，还无需复杂的地面供电系统，可以大幅节省造价。在船运领域，氢及氢基燃料可实现对长途船运的脱碳改造，满足国际公约和法规对船舶日趋严格的排放要求。在航空领域，绿氢和二氧化碳合成航空燃油，是长距离航空交通的有效脱碳方案。

4. 分布式供能

氢能与燃料电池可采用在负荷中心建立分布式发电系统的形式，实现可再生能源的就地开发与利用，灵活高效地解决多种用能需求。基于氢能形成分布式发电系统，可以为楼宇、小区等民用用户以及工业用户供热，并承担部分用电负荷，实现电、热、气三联供。氢燃料电池系统可以适用于偏远山区、海岛边防、通信基站、移动电源车等不同规模的固定式、移动式供能场景。氢燃料锅炉、掺氢燃气灶具的应用也是终端用户节能降碳的有效途径。

5. 军事

氢燃料电池具备能量转换效率高、系统反应快、运行可靠性强、维护方便、噪声低、散热量低、红外辐射少等优点，在军用临时通信站、单兵设备、坦克、舰艇、潜艇、航天器及后勤保障领域可获得广泛应用，提升武器性能，成为信息化战场的"能量源"。

五、氢能作为一种储能手段有哪些优势？

氢能是可再生能源大规模长周期储存的最佳途径，氢能作为一种储能手段有以下优势：

1. 氢能可以满足大容量、长周期的储能需求

风电、光伏发电和水电都存在着长周期、季节性的发电能力波动，锂电池等电化学手段难以实现大容量、长周期的电力存储，而抽水蓄能电站受地理因素限制很大。氢能具有能量密度高、可长期储存等优点，可以满足大容量、长周期的储能需求。

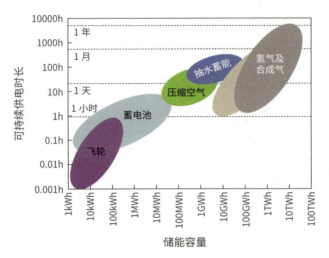

图 1-5　多种能源载体储能容量对比❶

2. 在大规模储能的情况下氢能经济性好

采用锂电池等电化学储能存储 1kWh 电量的成本为 1500~2000 元，而采用大型储罐储氢，消纳 1kWh 电量获得的氢气存储成本仅为 100 元左右，采用盐穴储氢，消纳 1kWh 电量获得的氢气存储成本甚至低于 1 元，固态储氢成本比电化学储电至少低一个数量级。

3. 氢能可以充分利用风光水等可再生资源

氢能可用于燃料电池发电，以电－氢－电的方式实现储电来进行削峰填谷，也可以作为氢能汽车的燃料来替代油气资源，或者用于化工、冶金行业，降低工业领域的排放。氢应用广泛，有了氢这个储能介质，可以有效提升可再生能源的利用率。

---

❶ 数据来源：德国太阳能与氢能研究中心 Baden-Württemberg（ZSW）。

4. 氢能网络与电网可形成互补

我国的大规模集中式可再生能源基地一般集中于新疆、内蒙古、宁夏等西部偏远地区，这类地区的电能外送需要上千公里以上长途输运。采用管道运输的方式实现绿氢的大规模输送可以与电网形成互补，缓解电网输电压力。

六、电 – 氢 – 电储能的整体能量效率是多少？

完整的电 – 氢 – 电流程包括电解水制氢 – 储运氢 – 燃料电池发电。其中，在制氢环节，碱性电解水的效率为 65%~80%，电解槽电耗为 48.4~60.5kWh/kg；质子交换膜电解水效率为 70%~85%，电解槽电耗为 46.2~56.1kWh/kg。在储存环节，高压储氢一般耗能为 1~3kWh/kg，而液氢需要 12~15kWh/kg，如果是较高工作压力的 PEM 制氢设备，制得的氢气直接存储并使用，则基本可以忽略压缩的能耗。在运输环节，能耗主要与运输距离相关。如果作为储能，制氢和发电在一个区域，则可忽略运输的能耗。在发电环节，燃料电池系统整体效率为 40%~60%。相对应地，1kg 氢发电能力为 13.3~19.9kWh。根据几个环节的效率综合来看（值得注意的是，制氢的效率通常为高热值效率，而燃料电池发电效率通常为低热值效率，两者不能直接相乘），制取和存储 1kg 氢的能耗为 46.2~62.5kWh，而发出的电为 13.3~19.9kWh，总效率为 21.2%~43%。当采用高效率的质子交换膜电解水制氢、直接存储然后采用高效率的燃料电池系统发电时，较理想状况下电－氢－电储能的总效率可以达到 43%。

七、氢气燃烧和爆炸的范围分别是多少？

氢由于具有点火能量低、燃烧和爆炸区间宽等特点，长期以来被作为危险化学品管理。

氢与空气、氧气等氧化剂混合的可燃极限与点火能量、温度、压力等各种因素相关。在常温常压干燥空气中，氢气的燃烧范围是 4%~75%，与甲烷的燃烧范围 5.3%~17% 相比，两者下限接近，上限差距较大；在氧气中，氢气的燃烧范围是 4.5%~94.0%。

在一些文献、报道中，往往提到氢气爆炸范围宽、点火能量小，容易爆炸，危险性高。这种认识与实际有着较大的偏差，氢气虽然具有一定危险性，但绝非如此可怕。首先，氢气爆炸范围并不等同于燃烧范围，研究表明氢气爆炸范围在空气中为 18.3%~59%，远小于燃烧范围。氢气的爆炸下限比燃烧下限高约 14 个百分点，这意味着氢气会首先发生燃烧，并不容易发生爆炸。值得注意的是，氢气爆炸的下限远比甲烷（6.5%）、汽油（1.1%）等高。其次，氢气的最小点火能大约只有天然气的 1/10，这也是氢气被认为危险的一个原因，但这一指标是在氢气浓度为 25%~30% 时得到的，在较低或较高浓度时，点火能会迅速增加。实际上在燃烧下限区域内，氢气点火能与天然气点火能差距并不大。

综合来看，氢气的燃烧范围大、点火能较低，使得氢气使用具有一定危险性，但氢气爆炸下限高、扩散速度快、爆炸能量小等特点，也使得氢气的危险性并不像想象中的那么高。

八、氢气浓度检测技术有哪些？

防止氢泄漏造成燃烧和爆炸的最佳方法是在气体达到燃烧浓度下限前进行准确检测并采取防护措施。近年来，随着气体检测能力的提高，氢泄漏检测技术取得了很大进展，氢能的商业化应用推动着氢检测技术的进一步应用和各种集成系统的诞生。

氢气浓度检测方法主要分为直接式检测和间接式检测两类。直接式检测，即直接检测氢的物理特性，如基于红外吸收和光散射的检测技术。这类技术物理原理简单直接，但仪器需要使用较多光学元件，成本高，不便于携带，因而仅用于实验室和某些特殊场合。

间接式检测，即基于氢气与某种特殊物质如钯、铂和氧化锡等之间的可逆化学反应来检测。将这些对氢气具有很好选择性的材料覆盖在一些易受外界影响的功能材料（如压电、热电、光敏和半导体材料等）上，当氢气被选择性吸附并通过选择性材料后，通过测量这些功能材料的光、电、磁等特性的改变，可以检测外部环境的氢气浓度。按所用氢敏材料类型和氢敏特性，传感器可分为催化燃烧型、电化学型、电阻型、光学型等。

催化燃烧型氢气传感器响应快速，计量准确，使用寿命长，但需在有氧气的环境下使用，有燃爆危险。电化学型氢气传感器具有低功耗和室温操作的优点，并具有良好的商业稳定性，但存在使用寿命短、温度范围有限、选择性小等缺点。电阻型氢气传感器主要分为半导体金属氧化物型和非半导体型（即金属或合金型）两种类型，其中半导体金属氧化物型氢气传感器具有结构简单、价格便宜、灵敏度高、响应快、易于复合等优点，有利于大批量生产。光学型氢气传感器通常分为光纤氢气传感器、声表面波氢气传感器、光声氢气传感器三类，其中光纤氢气传感器可以在常温下使用光信号进行检测，无需加热，避免了爆炸的可能，是最具前景的氢气传感器之一。

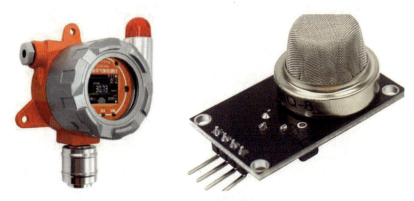

图 1-6 氢气传感器

九、氢气应用是否安全？

安全是氢能应用的前提，氢气使用是否安全也关乎氢能产业能否健康发展。氢气一直都被作为危化品进行管理，往往被误解为危险性很强。但事实上，氢的工业使用已超过百年历史，长期的实践证明，氢气是一种安全性较高的能源。

氢气的风险主要来源于两方面：一是氢气密度小，多采用高压存储，加上氢和金属材料相互作用会产生氢脆现象，导致氢气较易泄漏；二是氢气燃烧范围大，点火能量小，有遇火易燃易爆的风险。所以，氢气在安全方面存在一定不利因素，需要加强安全管理。

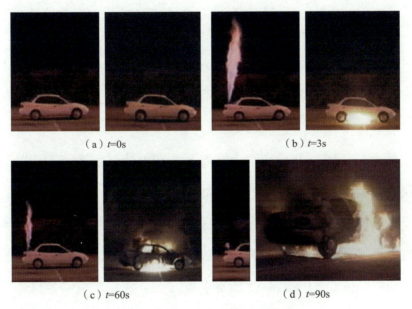

（a）t=0s　　　　　　　　　（b）t=3s

（c）t=60s　　　　　　　　（d）t=90s

图 1-7　氢气（左）与汽油（右）燃烧对比示意

然而相比于汽油、天然气等传统燃料，氢气在安全性方面也具备很多优势：

首先，氢气在开放空间安全可控。氢气标准状态下密度仅为 $0.0899kg/m^3$，是空气的 1/14、甲烷的 1/8，同时氢气的扩散系数较大，是汽油的 12 倍、甲烷的近 4 倍。浮力和高扩散性使氢气在泄漏后会迅速向上扩散并稀释到非可燃范围，因此氢气在开放空间中不易发生燃爆，安全可控。

其次，氢气在密闭空间也易于防控。氢气的燃烧和爆炸下限体积浓度差值达到 14.3%，且氢气的爆炸下限体积浓度为 18.3%，远高于汽油和天然气，因此氢气不会如汽油和天然气般燃烧后极易引起爆炸。此外，氢气本身无毒性，氢气燃烧也不易产生大量有毒气体，氢气燃烧时单位体积发热量和单位体积爆炸能很低，造成的危害后果远小于汽油。同时，结合氢气泄漏后容易向上逸散的特点，在受限空间上部做好通风和泄漏检测等防护措施，就能够安全可靠地开展氢能应用。

再次，从燃料电池的结构来看，与锂电池储能系统不同的是，储氢罐与发电系统是分开的，电池不会引起自燃。供氢系统有完整的安全辅助装置以进行过温过压保护，燃料电池系统也设计了氢气监控体系确保运行安全，遇到事故易于切断氢源，从而阻止事故发展。同时，先进的储氢瓶已具备很高的安全性，车载储氢罐均需通过火烧和枪击试验，发生泄漏和爆炸的概率很低。

最后，人类对氢气并不陌生，氢气作为工业气体已有很长的使用历史，氢气使用的安全规范比较完整，有标准操作规程。在严格执行法规和标准的前提下，可以保障氢气的安全使用。

十、氢脆的原理是什么？

氢脆是一种氢元素进入金属基体，导致材料的力学性能降低从而在未达到许用条件情况下即发生失效断裂的现象。氢脆常表现为冲击韧性降低和应力作用下金属材料的延迟断裂，往往因其不可预测性从而造成安全问题和经济损失。

金属材料中的氢来源分为内源氢和外源氢。内源氢主要来源于金属冶炼过程，在冶炼过程中进入的水在高温状况下分解以及废钢表面附着的铁锈，都可引入内源氢。外源氢一般来源于 H_2、H_2S 等气体与金属交互作用中产生的氢原子，由于氢原子尺寸很小，当其吸附在大多数金属表面时，在浓度差的驱动力下会扩散进金属基体。氢原子渗入材料内部晶格中，可在金属内部扩散，并聚集于金属内部的空穴、位错、第二相粒子和夹杂物等缺陷周围。金属内部的氢可在一些缺陷处重新结合成 H_2 分子，并在金属内部形成强大的氢气压，造成金属内部裂纹的形成。另外，氢也会聚集在裂纹尖端的塑性区，使裂纹扩展的阻力大大降低。一般来说，钢强度越高，位错、空穴、第二相等缺陷数量就越多，越容易受到氢脆的影响。氢脆发生的机理主要包括高压氢气理论、晶格脆性理论、位错理论等多种理论。

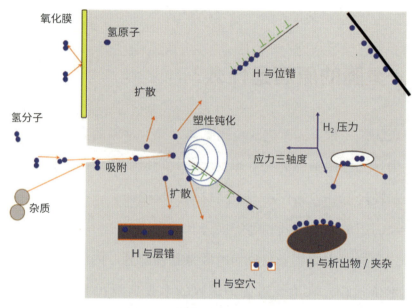

图 1-8　氢脆的破坏方式示意

氢脆可能会导致一些突发性的事故，造成经济财产损失，危及生命安全，是氢能产业实现安全生产重要的隐患之一。在氢能产业中，储氢容器、输氢管道、氢压缩机、接触氢气的管件等均可能产生氢脆现象，从而造成危险。尤其是高压钢制容器、高压长输管道及相关管件一般选择高强度钢，而钢强度越高，越容易发生氢脆风险，对容器和管道的寿命影响越大。

氢脆只能预防，氢一旦进入金属材料内部，造成材料的性能损伤不可避免。避免氢脆发生的一种办法是采用不易发生氢脆的材料，比如采用塑料作为储氢容器内胆，采用不易产生氢脆的低强度钢材作为低压输氢管道的材料。采用阻氢涂层或者进行材料组织改良也是防止氢脆的技术手段。核工业中，已通过阻氢涂层作为氢扩散进基体的屏障，来防止零件因氢脆失效。在石油行业里，一般通过热处理等工艺制备 X 系列管线钢等氢脆敏感低的钢材。其中 X70、X80 钢，由于其出色的力学性能和较为优异的抗氢脆性，在解决石油运输管道的氢脆问题方面起到了很大作用。

图 1-9　钢材氢脆断面

第二章

氢能产业概况

十一、未来国际氢能产业发展规模如何？

根据国际氢能委员会（Hydrogen Council）预测，到 2050 年，氢能每年使用量达 78EJ（约 5.6 亿 t 氢气），将创造 3000 万个工作岗位，创造 2.5 万亿美元产值，在全球能源中占比有望达到 18%。氢能的利用可以使全球二氧化碳排放减少 20%，约减少 60 亿 t。

国际能源署（IEA）2021 年 5 月在 *Net Zero by 2050* 报告中预测，到 2030 年氢的消费量将超过 2 亿 t，其中 70% 将是低碳排放的氢气；到 2050 年氢的消费量将超过 5 亿 t，其中 90% 将是低碳排放的氢气。2030 年，氢能汽车将达到 1500 万辆；2050 年，1/3 的卡车将采用氢燃料电池，60% 的航运将采用氢或者氢合成燃料，30% 的航空器将采用氢合成燃料（氢合成甲醇等）。2030 年，全球加氢站将达到 18000 座，到 2050 年，全球加氢站将达到 90000 座。

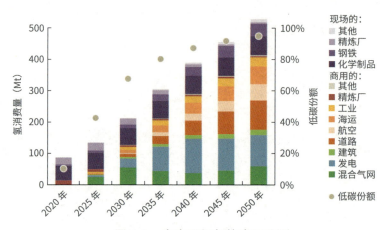

图 2-1　未来国际氢能应用预测

资料来源：IEA，*Net Zero by 2050：A Roadmap for the Global Energy Sector*。

十二、国际氢能先进国家的发展策略是什么？

美国、欧盟、日本、韩国、澳大利亚、加拿大等都高度重视氢能在未来能源体系中的地位，将发展氢能产业提升到国家战略高度。截至 2020 年底，占全球 GDP 总量一半的 27 个国家中，有 16 个已经制定了氢能战略，并推出了财政补贴、税费减免等扶持政策鼓励氢能产业的快速发展。各国根据自身资源禀赋和产业特征，形成了符合本国氢能产业发展的战略和政策。

美国由于油气资源丰富，主要将氢能作为重要的战略储备能源来发展。美国能源部构建了氢能中长期愿景，启动了一批大型科研和示范项目，每年为氢能基础研发提供资金，持续鼓励科技研发，培育了一批知名氢能企业。

欧盟将氢能作为能源转型和低碳发展的重要保障，强调绿氢的使用，重点构建规模化绿色氢气供应体系，强调氢能在建筑、交通和工业大规模脱碳中的重要作用，将氢能整合到欧盟的综合能源体系中，并重点发展交通运输行业。

德国更关注氢能在二氧化碳减排等方面的作用，将氢能视为促进能源转型、实现深度脱碳目标的手段。德国在氢气应用端强调将绿色氢气用于天然气掺氢、分布式发电或供热、氢能炼钢、化工、氢燃料电池汽车等多个领域。

英国将氢能作为推动经济整体脱碳、应对气候变化和实现净零排放的重要手段。支持包括绿氢、蓝氢在内的多种制氢技术，专注于取代工业中碳密集型氢。相关政策覆盖完整的氢能产业链，保障措施全，资金投入大。

日本资源匮乏，发展氢能的主要目的是保障能源安全，减少对油气资源的依赖，打造氢能社会。日本可再生能源资源不足，未来的氢气主要依靠进口，因此日本氢能产业更关注应用端，尤其是车用和家用领域。日本燃料电池技术优势明显，加氢站建设及运营成本、氢燃料电池汽车价格等每经过一个阶段都有较大幅度下降。

韩国将氢能定位为提升经济增长与产业竞争力的手段，政府重点扶持燃料电池产业，支持力度大、补贴高，产业链较为完善，注重产业技术的输出，氢能汽车销售居世界前列。

澳大利亚和加拿大拥有丰富的可再生资源和制氢原材料，以本国资源为依托，专注氢气生产，拓宽出口渠道，推动氢气贸易，打造全球氢能供应基地，将氢能打造成未来资源出口的重要组成部分。

十三、主要的氢能国际组织有哪些？

氢能领域具有影响力的国际组织主要有国际氢能委员会（Hydrogen Council）、燃料电池和氢能协会（FCHEA）、欧洲氢能协会（EHA）、国际氢能学会（IAHE）、国际氢能燃料电池协会（IHFCA）等。

图 2-2　主要的氢能国际组织

Hydrogen Council 于 2017 年在达沃斯世界经济论坛上成立，致力于加快对氢气和燃料电池行业的开发和商业化的重大投资，拥有来自工业和能源领域的 81 家成员单位，国家能源集团等 4 家中国企业是其指导成员单位。近年来，国际氢能委员会组织举办的活动成为很多国际大型活动的组成部分，包括世界经济论坛、纽约气候周以及"同一个星球、同一片蓝天"峰会等，参与方包括各国首脑和政府，主要研究报告有《氢能源未来发展趋势调研报告》《氢竞争力之路：成本视角》等。

FCHEA 是氢能燃料电池行业国家级贸易协会，起源于 1989 年的美国国家氢能协会（NHA），2010 年 11 月与美国燃料电池理事会（USFCC）合并，拥有液化空气、博世、压缩气体协会在内的 50 多家成员单位。主要研究报告有 2019 年在燃料电池国际研讨论会上发布的《美国氢能经济路线图》，每两个月更新发布的《氢与燃料电池安全报告》。2020年推出氢和燃料电池法规和标准网站，促进成员国之间的交流合作以及组织、行业和政府之间的协调工作。

EHA代表欧洲21个国家氢能和燃料电池组织以及氢能基础设施公司，是全局掌握欧洲各地氢能产业发展、将有关工业和法规的重要问题传达给欧盟一级的关键决策者。

IAHE是全球范围内的具有较大影响力的氢能学术组织，1974年成立于美国。宗旨是开展氢能情报交流、引导开展氢能系统研究，鼓励各国利用氢能，推广氢能应用。成员包括中国、英国、美国等78个国家和地区的有关组织和个人，每两年召开一次世界氢能大会（World Hydrogen Energy Conferences），出版物为《世界氢能杂志》。

IHFCA由中国汽车工程学会发起成立，拥有70多个成员单位，包括国内外研究机构与高校、政府部门与行业组织、行业龙头企业等，涵盖氢基础设施、燃料电池及零部件、整车、投资、检测认证等多个领域。该机构的工作任务包括推广产品技术示范、研究标准法规与政策、促进市场投融资、搭建信息交流与合作平台、系统开展宣传和科普活动、积极开展咨询服务等。自2016年以来，已举办六届国际氢能与燃料电池汽车大会，主要报告有《世界氢能与燃料电池汽车产业发展报告》等。

十四、中国氢能市场未来有多大规模？

对于中国氢能市场未来预期，不同机构有不同的预测，但均认为在 2060 年碳中和情景下，氢能将在中国能源消费中占据重要位置。

根据《中国氢能源及燃料电池产业白皮书 2020》预测，在 2030 年碳达峰情景下，我国氢气的年需求量将达到 3715 万 t，在终端能源消费中占比约为 5%，可再生氢产量约为 500 万 t，部署电解槽装机约 80GW。在 2060 年碳中和情景下，我国氢气的年需求量将增至 1.3 亿 t 左右，在终端能源消费中占比约为 20%。其中，工业领域用氢仍然最多，约 7794 万 t，占氢总需求量的 60%；交通运输领域用氢 4051 万 t，建筑领域用氢 585 万 t，发电与电网平衡用氢 600 万 t。

根据国家电投氢能公司预测，预计 2030 年，全国用氢量将从现阶段的 3300 万 t 增至 8954 万 t，到 2060 年，用氢量将达 1.6 亿 t，增量主要来自工业用氢、建筑供能、交通运输领域。到 2060 年，氢能在我国能源体系中的占比将达到 27%。

十五、发展氢能对实现我国碳中和目标能作出多大贡献？

根据国际能源署的数据统计，2018 年我国总碳排放接近 100

亿 t，其中电力与热力碳排放占比 51%，工业占比 28%，交通占比 10%，建筑及其他占比 11%。为实现碳中和目标，我国的能源结构将发生显著变化，可再生能源发电将成为未来的一次能源主体，而氢能由于其清洁零碳、安全高效、可大规模储存等特点，将成为未来能源体系中的重要组成部分。

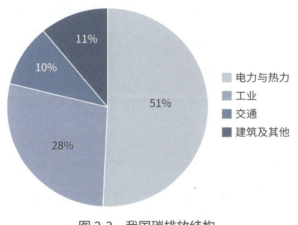

图 2-3 我国碳排放结构

国内最大的碳排放来源是火力发电，降低碳排放的主要措施是增大风电、光伏发电等可再生能源发电比例。未来的电力系统将以新能源为主体，可再生能源发电具有的间歇性、波动性较大以及分布远离负荷中心等问题将进一步凸显，电网的平衡能力严重制约了其对可再生能源电力的消纳水平。氢能可以与可再生能源结合，通过绿电制氢实现能量的大规模时空转移，从而为电力领域的减碳作出重要贡献。

在工业领域，我国化工领域使用氢气 3000 万 t 以上，主要是

化石能源制造的灰氢，碳排放多达数亿吨。同时，我国钢铁产量约
10亿t，其碳排放占全国碳排放总量的15%~18%，是碳减排压力
最大的重要领域。以绿氢对已有化工用的灰氢进行替代，以氢气作
为还原剂替代化石能源炼钢，具有巨大的减排空间，对于工业领域
的深度脱碳意义重大。

在交通领域，氢燃料电池可以广泛用于重型卡车、大巴、公
交、船舶，替代大量化石燃料，有效降低交通领域碳排放。

根据国家电投氢能公司的预测，2060年碳中和时，我国氢气
年需求量将增至1.6亿t，可以降低二氧化碳排放量约16亿t，对
于实现碳中和目标具有重大意义。

十六、发展氢能对保障我国能源安全有什么意义？

能源安全直接影响到国家的可持续发展和社会稳定。随着工业
化和城市化进程的不断推进，我国能源消费总量已跃居世界第一
位。我国是一个油气资源相对匮乏的国家，根据中国石化发布的
《2021中国能源化工产业发展报告》，2020年我国原油净进口量约
5.42亿t，对外依存度高达73.54%，天然气对外依存度也已超过
45%，油气对外依存度过高已经影响到了能源安全。同时，为实现

碳中和目标，未来将构建以新能源为主体的电力系统，电力占比将迅速提高，对电网的稳定性和抗风险能力提出了更高的要求。我国的能源安全问题已经引起了广泛重视，已成为中国经济发展中必须面对的问题。

氢能具有清洁低碳、安全高效、能量密度大的特点，可以实现大规模存储、远距离输送和氢－电互换，可以大规模地替代油气等化石能源，对于优化能源结构、保障能源安全具有重要意义。一方面，氢能可以规模化替代化石能源，有效降低我国油气对外依存度。通过可再生能源大规模电解水制取的氢气（绿氢），可在交通、化工等领域大规模替代石油和天然气，有效减少油气进口，保障国家能源对外安全。另一方面，建立"电氢体系"，可以实现国家能源供给多元化。氢气作为实体能源相比于电力更易储存、运输途径多样，能实现跨时间和跨地域的时空转移。在电网之外建成氢能供给与应用网络，实现氢网与电网互补，可以有效提升我国能源系统的安全性。

十七、什么是"电氢体系"？

"电氢体系"是指未来以新能源为主体的新型电力系统与氢能网络共同构建的能源体系。未来终端能源将以电和氢为主，电氢源端分离，形成独立的电网和氢网，过程互补。风、光、水等可再生能源作为一次能源，一部分向电网供电，另一部分用于制氢，通过氢能网络，广泛用于工业、民用、车辆、航空、船舶等各场景。电网和氢网相互独立，又相互补充。氢气可以作为储能手段，对于电网起到削峰填谷、降低波动性、提高稳定性的作用。

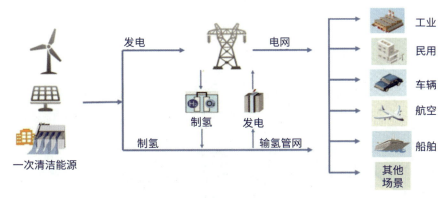

图 2-4　未来能源的"电氢体系"示意

构建"电氢体系"是推动可再生能源开发，加快能源转型进程的一条重要路径。电和氢相结合，能够打破电网在新能源发电承载能力上的局限，使风、光、水等清洁资源得到充分的开发利用，满足社会各行业不同形式的能源需求。氢的出现为能源使用和体系完善提供了更多选择，能够有效缓解单一终端能源体系安全问题。"电氢体系"对我国减少油气对外依赖、提高能源安全水平、实现"碳达峰、碳中和"目标、改善生态环境、建设美好家园，有着重大现实意义。

十八、氢能产业链主要包括哪些环节？

氢能产业链很长，主要可分为制氢、储氢、输氢、用氢四大环节，各环节涉及的技术多，门槛高。

图 2-5　氢能产业链

在氢能制备环节，主要有以下四类技术路线：一是以煤和天然气为主的化石能源制氢；二是电解水制氢；三是以焦炉煤气、氯碱尾气、丙烷脱氢等工业副产气提纯制氢；四是生物质制氢、太阳能光解水制氢等前沿技术。

在氢能存储环节，主要包括高压气态储氢、低温液态储氢、固态储氢和有机液态储氢等技术。现阶段已经实现商业化应用的储氢方式主要是高压气态与低温液态两种，固态储氢和有机液态储氢处于研发验证阶段。此外，地下储氢等技术路线也在探索中。

在氢能运输环节，主要包括气氢拖车运输、低温液氢运输、管道输氢等技术路线。

在氢能应用环节，氢燃料电池是氢能的主要应用，可以广泛用于氢能交通、氢储能、热电联供、应急电源以及军用方面。此外，氢在化工、冶金等工业领域也有巨大的应用潜力。

除了制氢、储氢、输氢、用氢四大环节，氢安全是贯穿整个氢能产业链的关键技术，对于保证行业安全、健康发展具有重要意义。

十九、我国氢能标准制定机构有哪些？

我国从事氢能和燃料电池标准制定修订工作的机构主要有 4 家：全国燃料电池及液流电池标准化技术委员会（SAC/TC 342）、全国氢能标准化技术委员会（SAC/TC 309）、全国汽车标准化技术委员会（SAC/TC 114）电动汽车分标委燃料电池工作组和全国气瓶标准化技术委员会（SAC/TC 31）。

全国燃料电池及液流电池标准化技术委员会（SAC/TC 342）于 2008 年由国家标准委员会批复成立，秘书处设在机械工业北京电工技术经济研究所，对口国际电工委员会燃料电池技术委员会

（IEC/TC 105），主要负责燃料电池及液流电池的术语、性能、通用要求及试验方法等领域的标准研制工作。全国氢能标准化技术委员会（SAC/TC 309）也成立于2008年，秘书处设在中国标准化研究院，对口国际氢能标准化技术委员会（ISO/TC 197），主要负责氢能生产、储运、应用等领域的标准化工作。全国汽车标准化技术委员会（SAC/TC 114）电动汽车分标委燃料电池工作组成立于2009年，由燃料电池系统及燃料电池电动汽车整车研发单位、燃料电池整车及关键部件检测机构、高校和科研院所等组成，负责协调开展燃料电池电动汽车相关标准的研究和制定修订工作。全国气瓶标准化技术委员会（SAC/TC 31）成立于1983年，对口国际标准化组织气瓶技术委员会（ISO/TC 58），负责气瓶设计、制造、检验、使用和管理等方面的标准制定修订工作。

二十、我国氢能行业是否具备完备的标准体系？

截至2021年8月，我国现行氢能相关国家标准有108项，涵盖了基础与管理、制氢与提纯、氢气储输、氢气加注、氢气应用、氢安全以及氢检测等领域，构建了较为完整的氢能标准体系。

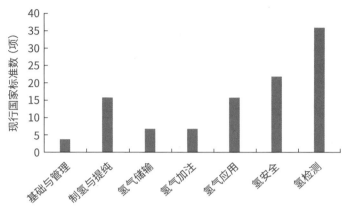

图 2-6　氢能现行国家标准数分布

在基础与管理领域，我国现行国家标准有 4 项，规定了氢气、氢能、氢能系统以及燃料电池方面的术语与定义。

在制氢与提纯领域，我国现行国家标准共 16 项，包括电解水制氢、甲醇制氢、太阳能光催化制氢等方面的技术要求以及氢气站设计规范，并针对工业氢、纯氢、高纯氢、车用压缩氢气天然气混合燃气等提出了氢气质量要求。

在氢气储输领域，我国现行国家标准共 7 项。其中，氢气储存通用要求标准 1 项，液氢储输军用标准 1 项、国家标准 1 项，固定式储氢容器标准 1 项，车用储氢气瓶标准 1 项，金属氢化物储氢标准 2 项。

在氢气加注领域，我国现行国家标准共 7 项，包括加氢站技术规范 2 项、氢气加注装置相关标准 5 项。

在氢气应用领域，我国现行国家标准共计 16 项，其中除 1 项小型氢能综合能源系统性能评价方法外，其余 15 项均为燃料电池相关标准，涉及固定式、便携式、车用、微型燃料电池的发电应用，对设备的设计、性能与要求等进行了规定。

在氢安全领域，我国现行国家标准共计 22 项，包括 3 项氢气制备安全标准、4 项氢气储运安全标准、3 项氢气加注安全标准、12 项安装及应用安全标准。

在氢检测领域，我国现行国家标准共计 36 项，包括 7 项氢质量与安全检测、25 项氢应用检测，以及 4 项氢储运、加注检测。

我国氢能产业已初步形成标准体系，标准化工作取得了长足进步，但还存在以下几方面问题：

一是标准体系不能完整覆盖制氢、储氢、输氢、用氢及氢安全等整个氢能产业链，仍处于单一、分散及纯技术型的初级阶段，关键技术指标多有缺失，强制性国家标准较少。

二是与美国、德国、日本以及 ISO 的相关标准相比，国内标准在各环节的细化上还有较大差距，可操作性需要提升。

三是技术发展成熟后再转化为标准的传统标准化工作模式，已难以适应氢能等战略新兴产业标准化的需要。氢能产业发展快、变化快、更新快、技术含量高，标准化工作需与技术发展平行，甚至超前。

四是当前氢能标准主要集中在车用等交通领域，对于氢能在能源领域的应用关注较少。

第三章

制氢

二十一、全球制氢的总量是多少？氢的生产与消费途径分别是什么？

2020 年国际上纯氢的总产量超过 7000 万 t/ 年，其中，约 3800 万 t 纯氢用于炼油，约 3200 万 t 纯氢用于合成氨，约 300 万 t 纯氢用于其他用途。工业应用中另有约 4500 万 t 未与其他气体分离的氢气，其中，约 1100 万 t 氢气（混合气）用于甲醇合成，约 300 万 t 氢气（混合气）用于直接还原炼钢，约 3000 万 t 氢气（混合气）用于其他用途。全球主要用化石能源生产氢气，有 6% 的天然气和 2% 的煤炭（相当于 3.3 亿 t 当量的石油）用于制氢。全球制氢带来的二氧化碳排放约为 8.3 亿 t/ 年。

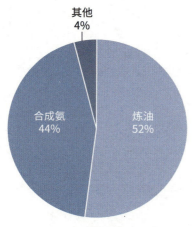

图 3-1　2020 年国际上纯氢用途占比

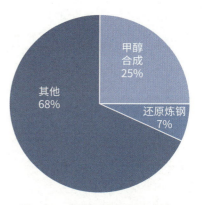

图 3-2　2020 年国际上氢气（混合气）用途占比

二十二、我国制氢的总量是多少？氢的生产与消费途径分别是什么？

据中国氢能联盟和石油和化学工业规划院的统计，2020年我国氢气产能约4100万t，产量约3342万t。其中，纯度达到不低于99%的氢气产量约为1270万t/年。

从生产原料来看，氢主要来源于煤炭、天然气等化石能源制氢以及工业副产氢。其中，煤制氢产量最大，达到2124万t，占比64%；其次为工业副产氢和天然气制氢，产量分别为708万t和460万t；电解水制氢产量约为50万t。从生产形式来看，独立的制氢装置主要用于炼油、煤焦油加工。合成氨、合成甲醇以及煤制烯烃等生产过程中，氢气一般作为其中的中间原料，并非由独立的制氢装置生产。

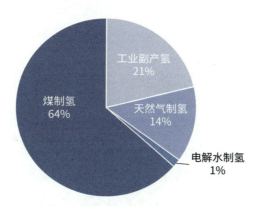

图 3-3 不同生产原料制氢占比

目前国内氢气主要用于化工冶金领域。其中占比最大的是作为生产合成氨的中间原料，占比约为30%；其次是生产甲醇的中间原料，占比约为28%；第三是焦炭副产氢利用（炼钢等），占比约为15%；第四是石油炼化用氢，占比约为12%；此外，还有煤化工用氢（占比约为10%）以及其他领域用氢（5%）。氢作为一种能源在交通、建筑、供电等领域的用量还很少。

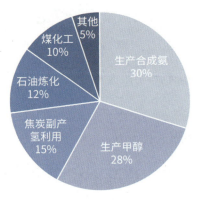

图3-4　氢气工业领域应用占比

二十三、制氢方式有哪些？分别有什么优缺点？

可以规模化应用的制氢方式主要有以下三种技术路线：一是以煤和天然气制氢为主的化石能源制氢；二是以焦炉煤气、氯碱尾气、丙烷脱氢等工业副产气提纯制氢；三是电解水制氢。其他制氢工艺还包括生物质制氢、太阳能光解水制氢等，但这些技术尚未实现规模化的实际应用。此外，还可以利用氨与甲醇制氢，但这些场景中氨与甲醇主要是作为氢气储存运输的介质而非原材料。

表 3-1 部分制氢方式对比

制氢方式	煤制氢	天然气制氢	水电解制氢	氨分解制氢	甲醇裂解制氢
适用规模（m^3）	10000~20000	> 5000	2~1000	< 50	< 20000
制氢成本（元/m^3，标况）	0.6~1.2	0.8~1.5	2.5~3.5	2~2.5	1.8~2.5
主要消耗（标况）	煤：7.3kg/m^3 电：0.355kWh/m^3	原料天然气：0.48m^3/m^3 燃料天然气：0.12m^3/m^3	除盐水：0.82kg/m^3 电：5.5kWh/m^3	电：1.3kWh/m^3 液氨：0.52kg/m^3	电：0.0556kWh/m^3 甲醇：0.52kg/m^3
主要特点	技术成熟，成本低廉，污染大，碳排放高	技术成熟，存在一定程度的污染和碳排放，但较煤制氢低	技术较成熟，清洁无污染，无碳排放	储运方便；反应温度较高；液氨有一定毒性；无碳排放，无一氧化碳和硫等杂质	运输安全方便，存在一定程度的碳排放

在各种制氢技术中，煤制氢和天然气重整制氢等化石能源制氢是工业中制氢的主要手段。化石能源制氢工艺成熟，可用于大规模工业生产，原料价格相对低廉，但氢气制备过程中会排放大量二氧化碳和污染物。

工业副产氢主要分布在化工、冶金等行业，其中焦炉煤气制氢规模较大，但氢气纯度低；氯碱副产制氢具备提纯成本低、难度小、纯度高等优势，拥有较好制氢潜能，但也存在副产氢量较小且产能分散的问题。

水电解制氢技术成熟、无碳排放、无污染，制取的氢气纯度高、杂质少，适用于各种场合，缺点是耗电量大、制氢成本较高。采用可再生能源电力制得绿氢，可以实现制氢全过程的零碳排放，将是未来氢气制取的主流方向。

二十四、灰氢、蓝氢、绿氢分别指什么？

灰氢、蓝氢、绿氢三者是根据氢的来源和碳排放量来进行划分的。灰氢是指未采取减碳措施的由化石能源制得的氢气，碳排放强度很高，包括煤制氢、天然气重整制氢、石油制氢等。蓝氢是指采用了碳捕集措施的由化石能源制得的氢气，碳排放强度大幅度降低。绿氢主要是指采用了可再生能源的低碳制氢方法获得的氢气，接近于零碳排放，主要是可再生能源电解水制氢。副产氢一般来说属于灰氢或蓝氢，具体属于哪种类型的氢气，需要根据制取过程中的碳排放来确定。

二十五、各种制氢方式的碳排放是多少？

化石能源制氢具有较高的碳排放，其中煤制氢碳排放最高，制取 1kg 氢的碳排放超过 20kg 二氧化碳，天然气制氢约为煤制氢的一半。采用上网电力进行电解水制氢，由于目前我国电力大部分来自火电，因此碳排放很高，甚至超过煤制氢。可再生能源电解水制氢碳排放最低，接近于零。化石能源制氢加上碳捕集技术，碳排放强度会大幅度下降，但仍高于可再生能源制氢，且带来较高的碳捕集成本。

表 3-2 不同制氢方式碳排放强度

制氢方式	碳排放强度（kg CO_2/kg H_2）
煤制氢	22~35
天然气制氢	10~16
石油制氢	12
煤制氢 +CCUS	3~5
天然气 +CCUS	1.5~2.4
可再生能源电解水制氢	<0.5
上网电力电解水制氢	33~43

二十六、副产氢的来源有哪些？

工业副产氢包括焦炉煤气、氯碱化工、合成氨、合成甲醇、乙烯裂解、丙烷脱氢等工业生产中副产的氢气资源。工业副产氢多数在下游已有应用，但也存在部分放空，这部分可以利用起来作为氢气来源。工业副产氢具有气源来源广、投资少、技术成熟、成本低等优点。副产氢通过变压吸附（PSA）、精脱硫等方法进行提纯可制取高纯度氢气。

表 3-3 副产氢的供应潜力和价格

制氢方式	成品氢气单位成本		供应潜力（万 t/ 年）
	元 /m³（标况）	元 /kg	
氯碱化工副产氢	1.2~1.8	13.2~19.8	33
丙烷脱氢	1.25~1.8	13.75~19.8	30
合成氨 / 甲醇	1.3~2	14.3~22	118
焦炉煤气	0.83~1.33	9.13~14.63	270

丙烷脱氢副产氢的供应潜力约为 30 万 t/ 年。其氢气含量高（99%），一氧化碳杂质少，但需要进行精脱硫。丙烷脱氢生产成本为 1~1.3 元 /m³（标况），提纯成本为 0.25~0.5 元 /m³（标况），综合成本为 1.25~1.8 元 /m³（标况）。

氯碱化工副产氢的供应潜力约为 30 万 t/ 年，纯度很高（99.99%），有害杂质较少，适合于燃料电池应用，生产成本为 1.1~1.4 元 /m³（标况），提纯成本为 0.1~0.4 元 /m³（标况），综合成本为 1.2~1.8 元 /m³（标况）。但氯碱化工企业较为分散，单个企业供氢量不大。

焦炉煤气的供氢潜力很大，仅被放空的焦炉煤气中的氢气就超过 270 万 t/ 年。焦炉煤气生产规模大，生产成本较低，但焦炉煤气含氢量低，且含一氧化碳、硫化物等有害杂质较多，提纯和脱硫成本高，不太适宜于需要高纯度氢气的燃料电池使用。焦炉煤气副产氢的综合成本为 0.83~1.33 元 / m³（标况）。

合成氨与合成甲醇等传统化工会存在较多的尾气放空，尾气中含有 18%~55% 的氢气。据估计，这部分尾气回收的潜力约为 118 万 t/年，综合成本为 1.3~2 元/m³（标况）。

总体来讲，我国副产氢总的生产潜力约为 450 万 t/年。

二十七、氢气提纯技术主要有哪些？

在化石能源制氢、副产氢应用以及甲醇或者氨等含氢载体释放氢气时，氢气中会存在一些杂质，必须经过提纯才能使用。氢气提纯的主要工艺有变压吸附、膜分离、深冷分离法等。

1. 变压吸附（PSA）技术

变压吸附是指利用吸附剂对吸附质在不同的压力下具有不同的吸附容量，对被分离的气体混合物的各组分有选择性吸附的特点来提纯氢气。杂质在高压下被吸附剂吸附，使得吸附容量极小的氢得以提纯，然后杂质在低压下脱附，使吸附剂获得再生。该分离技术工艺简单、安全性高、能耗低，通过多塔流程的变压吸附操作可以获得 99%~99.999% 的高纯度氢气，适于各种规模的氢气纯化。变压吸附技术是氢提纯的主要技术路线，据统计，用于氢气提纯的装置有 90% 采用 PSA 工艺。

图 3-5　PSA 提纯装置

2. 膜分离技术

膜分离技术是指利用不同气体组分在膜材料中渗透速率的差异实现分离。渗透速率较高的气体在膜的渗透侧富集，而渗透速率较低的气体则在渗余侧富集。氢气膜分离技术的膜材料对氢气选择性较大，氢气在膜材料中渗透速率较大，而分子较大的氮气、甲烷等轻烃分子透过速率较慢，从而实现提纯效果。

现在正在广泛研究和应用的膜可分为有机高分子膜和无机膜。有机膜具有成本低、技术成熟度高等优点，包括聚砜和醋酸纤维素膜等，占整个膜市场 80% 以上的份额。无机膜主要包括金属膜、陶瓷膜等。金属钯膜是最早应用于氢气分离的膜材料，利用钯对于氢气的强吸收和通过性实现氢的提纯。一般采用将钯薄薄地涂在多孔支撑层上形成致密钯膜的方法以节约成本，通过金属钯膜可以获得纯度很高的氢气。但金属钯膜存在着易被污染、易发生氢脆、成本高等问题。陶瓷膜具有机械强度高、制造成本低、无氢脆现象等优势，具有潜在的应用前景，但目前陶瓷膜由于电导率低、分离速率慢等问题，还难以实现工业应用。

3. 深冷分离法

深冷分离法是工业生产中最成熟的气体分离工艺。利用各组分沸点的差异，将混合气体制冷后实现分离。由于分离过程中压缩和冷却的能耗较大，成本较高，只适用于大规模提纯。此外，深冷分离法得到的氢气纯度一般为90%~98%，适合对氢气纯度要求较低的场景，难以满足质子交换膜燃料电池对氢气品质的要求，一般需要与PSA工艺结合来获得高纯度氢气。

以上三种技术各有优缺点，可以根据实际情况组合使用。此外，由于质子交换膜燃料电池要求氢气中硫含量低，因此如果氢气用于质子交换膜燃料电池且制氢原料含硫，一般还需要进行精脱硫。

二十八、什么情况下绿氢比灰氢具有经济性优势？

在现阶段技术水平下，绿氢的制备成本为30~40元/kg，而煤制氢成本在 10 元 /kg 左右，天然气制氢成本在 20 元 /kg 左右，灰氢与绿氢相比具备明显成本优势。那么在什么条件下，绿氢相比灰氢可以具备经济性优势呢？

一方面，绿氢成本高的最大因素是电解水制氢的电力成本较高。目前制取绿氢的电价在 0.3~0.6 元 /kWh，仅电力成本就高达 15~30 元 /kg。其次，电解水制氢装备价格较高，尤其是适合于波动性可再生能源制氢的 PEM 电解水制氢装备价格高，这也对绿氢的价格造成较大影响。随着可再生能源电价降低和制氢装备成本的快速下降，5~10 年内绿氢的成本将会有大幅下降。如果制氢电力成本低于 0.2 元 /kWh、制氢装备价格低至 5000 元 /（m^3/h），绿氢价格将低至 15 元 /kg 以下，已接近灰氢价格。

另一方面，灰氢制取过程中会产生大量碳排放，如煤制氢碳排放约超过 20kg CO_2/kg H_2，天然气制氢碳排放约为 10kg CO_2/kg H_2。目前我国碳税价格较低，每吨二氧化碳仅为 40 元左右，1kg 灰氢碳税的成本低于 1 元。而随着碳中和目标的推进，预期碳税价格将会大幅度提升。当碳税价格达到 200 元 /t 时，1kg 煤制氢的灰氢碳税成本将达到 5~6 元，这种情况下，结合电力成本和制氢装备成本的下降，绿氢价格将基本与灰氢持平。

因此，未来随着可再生能源电力价格降低、制氢装备价格大幅下降、碳税价格上升，绿氢经济性将逐步提高，预计 10 年内绿氢成本与灰氢相比将具备一定竞争力。

二十九、绿氢与蓝氢相比是否有经济性优势？

蓝氢是化石能源制氢结合碳捕集获取的氢气，碳排放可以降至比较低的程度，而可再生能源电解水制取的绿氢碳排放接近于零，在碳排放方面更具优势。而从经济性角度考虑，绿氢和蓝氢哪个更有优势呢？

受限于较高的可再生能源电价和电解水设备价格，绿氢的制备成本为 30~40 元 /kg，而煤制氢以及天然气制氢成本在 20 元 /kg 以下，与绿氢相比具备明显成本优势。由于煤制氢碳排放约为 20kg CO_2/kg H_2，天然气制氢碳排放约为 10kg CO_2/kg H_2，考虑碳捕集的成本后，化石能源制氢加碳捕集得到的蓝氢价格相比灰氢会有较大幅度的提高。目前碳捕集的价格为 0.5~0.6 元 /kg CO_2，因此 1kg 煤制氢的成本提升 11 元左右，1kg 天然气制氢的成本提升 5~6 元。

表 3-4　蓝氢与绿氢的价格对比

制氢方式		预期价格（元 /m³，标况）
蓝氢（化石燃料制氢加碳捕集）	煤制氢	1.6~2.2
	天然气制氢	1.4~2.6
	甲醇制氢	2.9~3.6
	焦炉煤气副产氢	2~2.3
	氯碱副产氢	1~1.5
绿氢（可再生能源电解水制氢）	碱性电解	2.5~4
	PEM 电解	3~5

通过对比可以看出，蓝氢相对于绿氢还具有一定的价格优势，但在较为理想的情况下，绿氢已接近蓝氢的成本。随着未来风电、光伏发电成本的下降，以及制氢设备规模大幅度提升、成本降低、效率增高，绿氢成本可以大幅度降低。据国际可再生能源机构（IRENA）预测，到2030年绿氢成本可降低至2美元/kg以下。据《中国氢能源及燃料电池产业白皮书2020》预测，2030年，光伏发电与风电的新增装机发电成本预计将达到0.2元/kWh，可再生能源电解水制氢成本将低至15元/kg。可见，未来绿氢相比蓝氢将具备明显的价格优势，预测在5年或者更短的时间内，绿氢成本将与蓝氢持平。

三十、绿氢成本达到多少时与燃油相比具备经济性？

绿氢的主要消纳途径包括氢能交通、化工用氢和氢能炼钢。其中氢能炼钢还处于示范验证阶段，难以大规模消纳氢气。相比于在化工行业进行绿氢替代，氢能交通的推广更快，氢气纯度要求高且氢气终端售价较高，电解水制取的绿氢较有优势。因此在目前阶段，绿氢用于氢能交通更容易实现盈利。

根据估算，用于汽车时，1kg氢相当于6~7L汽油或者4~5L

柴油。因此，当加氢站的氢气售价约为 50 元 /kg 时，经济性与汽油持平；售价约为 30 元 /kg 时，经济性与柴油持平。氢气的运输和加氢站运营成本与运输距离、加氢站成本、加氢站规模等多种因素有关。一般来说，运输和加氢站成本为 15~25 元 /kg。因此，绿氢制备成本达到 35 元 /kg 时，有可能与汽油的经济性持平；绿氢制备成本达到 25 元 /kg 时，经济性将明显高于汽油。在较低的电价（如 0.3 元 /kWh）下，绿氢制备成本已可低于 30 元 /kg，因此绿氢的经济性是有可能高于汽油的。

由于柴油价格低且柴油机效率更高，柴油车经济性更好。当绿氢制备成本低于 15 元 /kg 且运输距离较短时，才有可能与柴油的经济性持平，但这在现阶段较难实现。在未来，随着电解水设备成本、电价、运输成本与加氢站成本等多项成本下降，如后续国产 PEM 实现大规模量产，电解设备单价降低至 2000 元 /kW、光伏发电成本降低至 0.2 元 /kWh、加氢站成本低于 10 元 /kg 时，最终加氢站的氢气成本可低于 25 元 /kg，绿氢与柴油相比将具备明显的经济性优势。

三十一、电解水制氢有哪些技术路线？

电解水制氢主要有碱性电解水、质子交换膜电解水、固体氧化物电解水三种技术路线，已获得规模化实际应用的主要是碱性电解水与质子交换膜电解水制氢技术。

表 3-5 各种电解水制氢技术对比

参数	碱性电解水	质子交换膜电解水	固体氧化物电解水
应用现状	成熟应用	商业化早期	开发验证阶段
设备规模（m^3/h，标况）	50~1000	0.1~500	0.1~1
市场份额	98%	2%	—
电流密度（A/cm^2）	0.2~0.4	1~2	0.5~1.5
特点	设备成本低，技术成熟，占地面积大，需要 KOH 溶液	设备体积小、维护成本低；设备残值高、纯水电解，系统简单	不用贵金属；效率高
运行特性	负荷范围 30%~100%，冷启动时间约 1h，需保持氢氧压力平衡，负荷变动缓慢	负荷范围 0~130%，启动迅速，负荷响应快，适合于波动输入制氢	需高温环境
设备价格[万元/（m^3/h），标况]	0.6~1	6~10	—

碱性电解水制氢采用氢氧化钾溶液作为电解质，采用多孔膜作为隔膜，采用非贵金属镍基催化剂。碱性电解水技术最大的优势是技术成熟、价格低，但也存在着工作电流较小、设备体积大、维护成本高等缺点。更为重要的是，碱性电解槽功率调节速度慢、调节范围较窄，难以与波动性强的电力输入匹配，对于风电、光伏发电等波动性电源输入的适应性较差。

质子交换膜制氢（PEM 制氢）用质子交换膜替代了碱性电解水中的隔膜和电解质，同时起到隔离气体与离子传导的作用。PEM 电解水采用的质子交换膜很薄，电阻较小，可以实现较高的效率和承受较大的电流，因此设备体积和占地面积都远小于碱性电解水设备。PEM电解水采用不透气的膜，可以承受更大的压力，同时无需两侧严格的压力控制，可以做到快速启动停止，功率调节的幅度和响应速度也远高于碱性电解水，因此非常适宜于可再生能源发电波动性输入。PEM电解水技术已基本成熟，正在进行商业化导入，价格比碱性电解水高，但未来有着广阔的技术提升和成本降低空间。

固体氧化物电解水制氢是一种高温电解水技术，操作温度为700~1000℃。其结构由多孔的氢电极（阴极）、氧电极（阳极）和一层致密的固体电解质组成。由于其工作温度高，极大地增加了反应动力并降低电能消耗，可以达到很高的电解效率，但需要提供高温热源，即需要额外的能量消耗。在某些特定场合如高温气冷堆、太阳能集热等情况下，固体氧化物电解水制氢技术会有较大优势。固体氧化物电解水制氢技术难度高，技术上仍有较多问题需要解决，成本较高，尚未实现市场化应用。

三十二、电解水制氢需要消耗多少水？

我国西北地区有着充足的风、光等可再生能源资源，但水资源欠缺，因此用水量也有可能成为制约该地区可再生能源制氢发展的一个重要因素。那么电解水制氢需要消耗多少水呢？根据反应式，理论上制取 1kg 氢需要 9kg 的水。但实际中制氢需要纯水（水质应符合 GB/T 37562—2019《压力型水电解制氢系统技术条件》中的规定），因此会有额外的消耗。考虑制取纯水时的消耗以及其他消耗，制取 1kg 氢需要 15~18kg 的水。一台 1MW 的制氢设备，每小时约消耗 0.3t 水，可见电解水制氢耗水量并不高。经估算，即使在水源稀缺需要运输或者需要海水淡化的情况下，水所占的成本也不超过氢气成本的 2%。

表 3-6　碱性电解水制氢系统原料水水质要求

名称	单位	指标
电导率（25℃）	mS/m	≤ 1
铁离子含量	mg/L	< 1.0
氯离子含量	mg/L	< 2.0
悬浮物	mg/L	< 1.0

表 3-7　PEM 水电解槽水质要求

名称	单位	指标
电导率（25℃）	mS/m	≤ 0.10
可氧化物质含量（以 O 计）	mg/L	≤ 0.08
吸光度（254nm，1cm 光程）		≤ 0.01
蒸发残渣（105℃±2℃）	mg/L	≤ 1.0
可溶性硅（以 SiO_2 计）	mg/L	≤ 0.02

三十三、碱性电解水制氢的原理和特点是什么？

碱性（ALK）电解水制氢装置由电解槽和辅助系统构成，电解槽主要由电解液、阴极、阳极和隔膜组成。

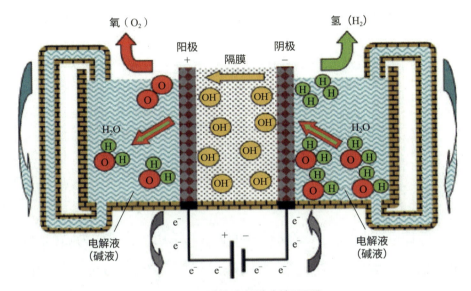

图 3-6 碱性电解水制氢原理

碱性电解水以 KOH、NaOH 水溶液为电解液，在阳极和阴极分别发生以下化学反应，即

阳极：$4OH^- = 2H_2O + O_2 + 4e^-$

阴极：$4H_2O + 4e^- = 2H_2 + 4OH^-$

碱性电解水阴极、阳极主要由金属合金组成（如 Ni-Mo 合金等），采用多孔膜作为隔膜，在直流电的作用下将水电解生成氢气和氧气，产出的气体需要进行脱碱雾处理。通常碱性电解液的

质量分数为 20%~30%，电解槽操作温度为 70~80℃，工作电流密度约为 0.25A/cm²，产生气体压力为 0.1~3.0MPa，总体效率为 62%~82%。

碱性电解水制氢的优点是不需要贵金属作为催化剂，成本相对较低，装备技术成熟，产品耐久性好，寿命可达 30 年。

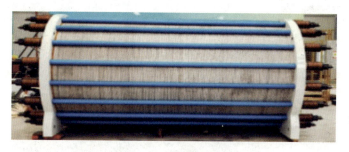

图 3-7　碱性电解槽

碱性电解水制氢技术也有一些缺点。采用多孔膜作为隔膜阻止生产的氢气和氧气混合，需要的隔膜较厚（约 0.25mm），电阻较大，因此碱性电解水制氢的工作电流相对较低，设备体积较大。同时，由于多孔膜透气，必须时刻保持电解槽阳极和阴极两侧上的压力均衡，因此电解槽难以快速关闭或者启动，制氢速度也难以快速调节。因此，碱性电解水对于可再生能源发电波动性输入条件的适应性不好。此外，碱性电解液（如 KOH）会与空气中的 CO_2 反应，形成在碱性条件下不溶的碳酸盐（如 K_2CO_3），这些不溶性的碳酸盐会阻塞催化层孔隙，阻碍产物和反应物的传递，大大降低电解槽的性能，因此维护成本较高。

三十四、质子交换膜电解水制氢的原理和特点是什么？

质子交换膜（PEM）电解水制氢采用质子交换膜作为电解质，在阳极和阴极分别发生以下化学反应，即

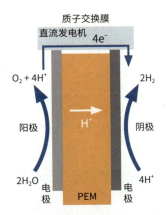

图 3-8　质子交换膜电解水制氢反应原理

阳极：$2H_2O = O_2 + 4H^+ + 4e^-$

阴极：$4H^+ + 4e^- = 2H_2$

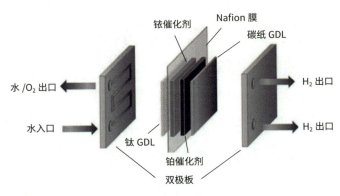

图 3-9　PEM 电解槽结构

PEM电解水装置包括电解槽和辅助系统，其中电解槽主要由膜电极、气体扩散层和双极板构成。质子交换膜两侧涂敷催化层形成膜电极。阴极催化剂多为铂系催化剂，与燃料电池类似。而阳极催化剂要求更加苛刻，强氧化性环境使得阳极析氧催化剂只能选用抗氧化、耐腐蚀的铱（Ir）、钌（Ru）等少数贵金属或其氧化物作为催化剂材料，其中IrO_2、RuO_2是最常见的催化剂。质子交换膜多采用Nafion115或者Nafion117膜。气体扩散层则多采用表面镀有贵金属的钛基多孔材料。

PEM电解水装置中质子交换膜很薄，电阻较小，可同时起到隔离气体与离子传导的作用。因此，它可以承受较大的电流、更大的压力，同时无需严格控制膜两侧压力，具有快速启动停止和快速功率调节响应的优势，适用于可再生能源发电波动性输入，是未来绿电制氢最有竞争力的一种技术路线。

三十五、固体氧化物电解水制氢的原理和特点是什么？

固体氧化物电解水制氢是一种高温电解水技术，以固体氧化物为电解质，在阳极和阴极分别发生以下化学反应，即

阳极：$2O^{2-} = O_2 + 4e^-$

阴极：$2H_2O + 4e^- = 2H_2 + 2O^{2-}$

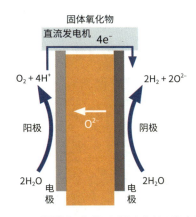

图 3-10 固体氧化物电解水制氢反应原理

固体氧化物电解池（SOEC）中间是致密的电解质，两边是多孔的电极。应用最普遍的电解质是 YSZ 材料（氧化钇稳定氧化锆，Yttria Stabilized Zirconia），这种材料在 800 ~ 1000℃下具有高离子导电性和热化学稳定性，其他材料如 ScSZ（氧化钪稳定氧化锆，Scandia Stabilized Zirconia）、CeO_2 基电解质、镓酸镧基电解

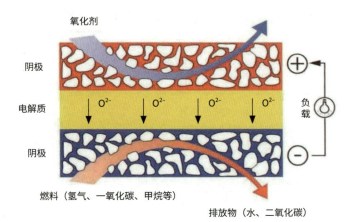

图 3-11 SOEC 电解槽结构

质的应用也比较多。氢电极目前多用 Ni-YSZ 金属陶瓷，氧电极应用最多的材料是 LSM（锶掺杂的镓酸镧）和 YSZ 的复合材料。多个电解池组成电解槽还需要密封材料和连接材料。

SOEC 按结构主要分为管式和平板式两种类型。其中，管式是最早研究的 SOEC 类型，优点是不需要密封材料、连接简单，但存在成本高、功率密度低等缺点。平板式 SOEC 功率密度高、成本较低，是当前研究热点，但也存在密封难度大等缺点。

SOEC 运行温度高达 700~1000℃，由于高温水蒸气的焓值较高，SOEC 的电解电压可低至 1.3V（碱性电解或者 PEM 电解的电解电压约为 1.8V 以上），因此 SOEC 电耗较低，在最低电耗下 3kWh 电量可以制 1m³（标况）氢气。但 SOEC 需要的高温水蒸气需要额外的能耗，在一些特殊的场景如核电制氢方面，SOEC 具备独特优势。

固体氧化物电解水制氢在电耗等方面具备优势，但存在使用温度高、成本高、启停慢、循环寿命低等关键问题需要解决，尚处于示范验证阶段，未实现规模化商业应用。

三十六、电解水制氢的效率是多少？

1m³（标况）氢气的能量为 12.74MJ，理论上 3.54kWh 电量即可制取 1m³（标况）氢气，但由于电解水过程中存在损耗，电解水制氢的效率达不到 100%。电解水制氢的效率主要由电解槽的效率和辅助系统的效率两部分组成。

电解槽的效率可以用热平衡电压（1.48V）与单室电压的比值来计算，单室电压越低，效率越高。水平较高的电解槽额定单室电压可低于 1.8V，而业内普遍水平可低于 2V。电解槽的效率受电流密度、温度等影响，当电流密度越小、温度越高时，单室电压更低，则效率更高。综合考虑技术难度和设备成本，企业往往将额定工况的单室电压设置为 1.8~2.0V，即电解槽的额定效率一般为 74%~82%，电耗为 4.3~4.8 kWh/m³（标况）。

在辅助系统的效率方面，碱性电解水系统较为复杂，PEM 电解水系统较为简单，碱性电解水系统效率相对低一些，系统损耗约为 0.5kWh/m³（标况）。综合考虑，碱性电解水系统在额定功率下效率为 65.5%~75.3%，电耗为 4.7~5.4kWh/m³（标况）；PEM 电解水系统在额定功率下效率为 69.4%~78.6%，电耗为 4.5~5.1kWh/m³（标况）。

三十七、PEM 电解水制氢的技术水平处于什么状态？

PEM 电解水制氢技术最早出现在 20 世纪 60 年代，通用电气开发了第一套 PEM 电解水制氢装置。早期 PEM 电解水主要应用于空间站和潜艇等封闭环境中的生命维持，成本很高，应用范围很小，技术进步较慢。20 世纪后期，欧洲和美国的一些公司开始推动 PEM 电解水的商业化，PEM 电解水技术取得了重要的进展。国际上 PEM 电解水制氢技术已较为成熟，进入商业化早期阶段。普顿（已被 NEL 收购）、西门子、水吉能（已被康明斯收购）、ITM Power 等代表性的企业已相继发布兆瓦级 PEM 电解水系统产品，大力推动了 PEM 制氢规模化示范应用。

图 3-12　PEM 电解水系统

普顿是 PEM 电解水制氢技术的先行者，其 PEM 电解槽产品的部署量超过 2000 套，2015 年推出的 M 系列 PEM 电解槽产品的产氢能力可达 $400m^3/h$（标况），电耗为 $4.55kWh/m^3$（标况），并实现了累计超 50 万 h 运行时间下没有故障或损失。西门子自 2015 年起推出了兆瓦级电解槽，2018 年新一代 Silyzer300 由 24 个电解槽组成，总功率达到 17.5MW，总产氢量为 3820m³/h（标况），单槽产氢量可达 160m³/h（标况），系统电耗低至 4.7kWh/m³（标况），同时西门子正在研发百兆瓦级别电解水系统。水吉能、Giner、ITM Power 开发的兆瓦级 PEM 电解水系统也获得了一定规模的应用。总体来说，当前国际上先进的 PEM 产品的产氢能力可达 200m³/h（标况）以上，系统电耗为 4.5~5.0kWh/m³（标况），使用寿命可以达到 50000h 以上。

PEM 电解水的关键技术研究主要集中在质子交换膜、析氧催化剂、析氢催化剂、气体扩散层及双极板等方面。

质子交换膜是 PEM 电解槽的核心材料，起到传递质子、隔绝反应气体、为催化层提供支撑等作用。目前 PEM 电解槽主要采用全氟磺酸均质膜，市场主要被美国科慕的 Nafion115、Nafion117 等少数几种产品垄断，成本很高。降低成本、提高化学稳定性和机械稳定性是 PEM 电解用质子交换膜的主要提升方向。增强型全氟磺酸复合膜可以降低树脂用量，提升机械强度，是未来很有前途的发展方向。

膜电极中析氢、析氧催化剂对整个电解水制氢反应十分重要。由于阳极严苛的强氧化环境，阳极析氧催化剂目前只能采用 Ir（铱）、Ru（钌）等贵金属或其氧化物。其中，IrO_2 具有最好的稳定性，是析氧催化剂的主要材料。阴极析氢催化剂使用环境与 PEM 燃料电池类似，因此可以采用 PEM 燃料电池较为成熟的铂基催化剂。析氧催化剂的 Ir 用量在 2mg/cm^2 左右，析氢催化剂 Pt 载量为 0.4 ~ 0.6mg/cm^2，降低贵金属用量是催化剂的主要研究方向。在析氧催化剂中采用稳定性良好的过渡金属氧化物（如 TiO$_2$、SnO$_2$ 等）载体材料是研究热点，可以降低 Ir 用量并提升稳定性，但尚处于实验验证阶段，未形成可以商用的产品。

双极板和气体扩散层也是 PEM 电解槽的关键部件。阴极气体扩散层可以采用与 PEM 燃料电池类似的气体扩散层，而阳极气体扩散层由于强氧化环境无法采用碳基材料，一般只能采用镀有贵金属的钛基材料，因此成本很高。双极板和气体扩散层成本占到电解槽成本的 50% 左右，随着涂层技术和加工工艺的提升，双极板和气体扩散层的价格已经有较大幅度下降，但具有高耐腐蚀性、高导热性、高耐久性、高黏附性和低缺陷密度的涂层技术仍然是未来的重要发展方向。

总体来说，PEM 电解水制氢技术基本成熟，已有可量产的兆瓦级产品，并进入了商业化早期阶段。但 PEM 电解水制氢技术仍然存在成本高的问题，性能和耐久性也有待提升，未来需要聚焦质子交换膜、电催化剂、气体扩散层与双极板等关键技术，进一步降低成本，提升商业化程度。

三十八、我国 PEM 电解水制氢装备自主化水平如何？

PEM 电解水制氢技术更适合于可再生能源直接制氢，是我国未来绿电制氢的主流方向。国内 PEM 电解水制氢技术已具备一定基础，部分企业如国家电投氢能公司、中船重工 718 所、大连化学物理研究所、山东赛克赛斯、淳华氢能等已研发出自主 PEM 产品。

国家电投氢能公司已完成催化剂、制氢膜电极等关键材料部件的全自主化研发，并完成 50m³/h（标况）级电解槽和兆瓦级 PEM 电解系统产品开发。中船重工 718 所研发的电解槽最大制氢量达 50m³/h（标况），其 20m³/h（标况）产品已实现销售。山东赛克赛斯研发的电解槽产氢量范围为 0~50m³/h（标况），能耗为 5kWh/m³（标况），主要销售 10m³/h（标况）以下规格的电解槽。国内能源装备企业也积极布局 PEM 电解水制氢领域，如阳光电源依托大连化学物理研究所技术，于 2021 年 3 月发布了 SEP50 PEM 制氢电解槽产品，功率为 250kW，产氢量为 50m³/h（标况）。

在 PEM 电解水关键材料中，质子交换膜是限制国内 PEM 电解水制氢发展的主要"卡脖子"材料，国内市场被美国科慕的 Nafion 膜产品垄断。国内虽已有相关企业开展研发并形成了样品，但尚未形成商业产品，膜的性能也未得到规模化的应用检验。催化剂、气体扩散层国际上尚未形成成熟的、高市场占有率的成品，国内外均处于研发和小批量试制阶段，主要专注于降低成本和提高耐久性，国内外技术差距相对较小。系统设备国产化程度很高，性能已达到国际主流水平，可实现自主化批量生产。

总体而言，我国处于 PEM 电解水制氢产业起步期，部分企业已形成具有较高自主化程度的 PEM 制氢样机，但还存在质子交换膜等关键材料"卡脖子"问题。后续应集中力量攻克"卡脖子"问题，聚焦低成本催化剂和气体扩散层等关键技术提升，解决高成本问题，提高电解槽的效率和寿命，形成成熟的制备工艺和生产线。依托中国广阔的市场，经过充分的技术打磨和需求培育，我国 PEM 电解水产业有希望在近年内实现全自主化，并赶超国外先进水平。

图 3-13　国家电投氢能兆瓦级 PEM 电解水制氢系统

图 3-14　阳光电源 SEP50 PEM 制氢电解槽

三十九、光催化分解水制氢的原理是什么?

光催化分解水制氢的原理是利用半导体材料（如 TiO_2）的吸光特性，实现光解水反应。半导体材料在受到光子激发后，会产生具有较强还原能力的光生电子，可以将吸附在半导体表面的质子或水分子还原为氢气，从而实现光催化分解水制氢，这类半导体材料就被称为光催化剂。水在受光激发的半导体材料表面，在光生电子和空穴的作用下发生电离，光生电子将 H^+ 还原成氢原子，而光生空穴将 OH^- 氧化成氧原子，生成氢气和氧气。如果电子和空穴复合，则转化成热能或荧光。

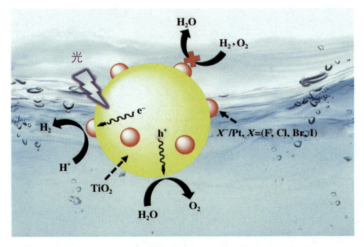

图 3-15　光催化分解水基本过程示意

光催化分解水产氢的物理化学过程如下：

（1）光催化剂材料吸收一定能量的光子后，产生电子和空穴对；

（2）电子空穴对分离，向光催化剂表面移动；

（3）迁移到半导体表面的电子与水反应产生氢气；

（4）迁移到半导体表面的空穴与水反应产生氧气；

（5）部分电子和空穴复合，转化成热能或荧光。

半导体光催化剂受光激发产生的光生电子和空穴，容易在材料内部和表面复合，以光或者热能的形式释放能量，因此加速电子和空穴对的分离，减少两者的复合，是提高光催化分解水制氢效率的关键因素。高效产氢光催化剂应具备的特征有：较宽的太阳光响应范围、较高的光生电子和空穴分离效率、合适的表面反应活性位、有效抑制光解水反应的逆反应、较好的稳定性。

光催化剂主要类型有钛酸盐、钽酸盐等过渡金属构成的氧化物光催化剂，金属氮化物和氮氧化物光催化剂，类石墨型氮化碳等非金属光催化剂。

利用光催化技术分解水制氢可以将低密度的光能转化为高密度的化学能，在解决能源短缺问题上具有长远的应用前景。但光催化技术还处于实验室研发阶段，制氢效率低，与实际应用还有较大距离。

四十、生物质制氢的方法有哪些？

生物质是指直接或间接利用光合作用形成的有机物质，包括植物、动物和微生物及其排泄与代谢物。生物质能是指通过生物体的光合作用，把太阳能转化为化学能固定在生物体内的一种能量形式。生物质能可再生，资源存储广泛，我国仅农作物秸秆每年可用作能源的资源量可达 2.8 亿 ~3.5 亿 t。生物质的使用虽然会产生二氧化碳，但形成生物质的二氧化碳来自大气，因此不会增加额外的碳排放。

生物质制氢是生物质能利用的一个重要途径。生物质制氢的方法主要包括热化学法制氢和生物法制氢。

1. 热化学法制氢

热化学法制氢主要包括生物质催化气化制氢、生物质热解制氢、生物油重整制氢等技术路线，生物质先制取甲醇、乙醇，然后再通过蒸汽重整制氢也是成熟的技术路线。

生物质催化气化制氢是以生物质为原料，在空气、氧气、水蒸气等气化介质中加热到 800~900℃以上，使生物质分解转化为氢气、一氧化碳及其他杂质气体。生物质催化气化制氢流程包括生物质预处理、生物质气化及催化变换、氢气分离和净化等。生物质催化气化制氢的研究重点是提高产气中氢含量，降低焦油含量。除焦油外，生物质气化过程中还产生 H_2S、HCl、碱金属、重金属等微

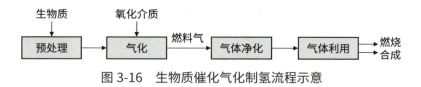

图 3-16　生物质催化气化制氢流程示意

量杂质，也需要在反应器中加入吸附剂加以处理。

生物质热解制氢是在完全缺氧或者有限氧供给的条件下，通过热能切断生物质大分子中碳氢化合物的化学键，使之转化成低分子物质。生物质热裂解是一个复杂的化学过程，热解过程可得到焦油、一氧化碳、氢气等，再通过二次催化裂解使焦油继续裂解生成氢气。

生物油重整制氢是由美国国家可再生能源实验室（NREL）在20 世纪 90 年代提出的概念。首先通过生物质热裂解获得生物油，然后采用水蒸气重整的方法制氢。

生物质制取甲醇和乙醇的技术已经比较成熟，而甲醇和乙醇制氢也是成熟技术。因此，通过生物质制取甲醇和乙醇，然后再制氢也是一类生物质制氢方法。

生物质的热解和气化在技术上已较为成熟，技术已具备可行性，全世界已有多套商业化运作的生物质热解和气化装置。但生物质制氢也存在一些问题：一是与甲烷重整等技术相比，生物质生产的氢气成本高，经济性上不具有竞争力；二是混合产物里氢含量低、杂质多，含有大量的一氧化碳、硫化氢、焦油等杂质，这些杂质均对燃料电池损害很大，因此混合产物适合作为燃料或者工业原料，不适合用于燃料电池等高纯氢应用场景。

2. 生物法制氢

生物法制氢主要包括暗厌氧菌发酵制氢、光合生物制氢、光合－发酵复合生物制氢等技术路线。

暗厌氧菌发酵制氢是通过厌氧微生物在氮化酶或氢化酶的作用下将有机物降解从而获得氢气，此过程不需要光能供应。能进行暗厌氧菌发酵制氢的微生物主要包括一些专性厌氧细菌、兼性厌氧细菌以及少量好氧细菌。

光合生物制氢主要包括光解水生物制氢和光发酵生物制氢。光解水生物制氢是以水为原料，以太阳能为能源，通过蓝藻、绿藻等光合微生物分解水产生氢气。光发酵生物制氢是在厌氧光照条件下，利用光驱动产氢。光发酵生物制氢利用的能量既有生物能也有光能，而暗发酵的能量只来源于生物能，因此光发酵产氢效率一般高于暗发酵。

利用暗发酵制氢和光发酵制氢的优势和互补作用，将两者联合组成的产氢系统就是光合－发酵复合生物制氢技术。这种技术不仅可以减少光能需求，而且增加了氢气产量，是生物质制氢的发展方向。

暗发酵生物制氢技术已经实现了中试，但要实现工业化生产还需要进一步提高效率、降低成本。光发酵生物制氢技术和光合－发酵复合生物制氢技术还处于实验室研究与验证阶段。

四十一、核能制氢的原理是什么？

核能到氢能的转化有多种途径，可以利用核能发电进行电解水制氢，也可以利用核反应堆产生的热来制氢。核能发电制氢，与普通电解水制氢技术相同，在技术上没有特殊的地方，但核电未来将是宝贵的电力基荷，用来电解水制氢并不是一种很好的选择。将核反应堆产生的热作为制氢的能源是较有应用前景的核能制氢方法。

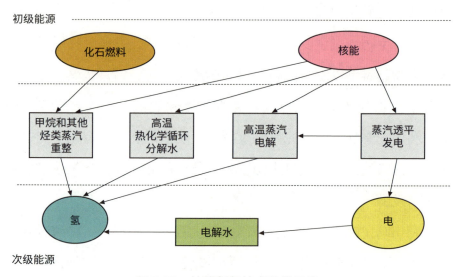

图 3-17　核能制氢技术路线示意

研究比较广泛的核能制氢的工艺主要有甲烷蒸汽重整、高温电解、热化学循环分解水等技术路线。通过选择合适的工艺，实现高效、大规模制氢，减少碳排放。

甲烷蒸汽重整（SMR）是工业上主要的制氢方法。当用核反应堆产生的热作为蒸汽重整的热源时，过程所需甲烷气量显著减少，降低了成本。但这种技术仍然属于化石能源制氢，会产生大量温室气体，不利于推动碳中和进程。

高温电解技术适用于有廉价高温蒸汽源的场合。采用固体氧化物制氢技术，以高温蒸汽为原料，电耗可以降低至 $3.0kWh/m^3$，远低于常见的电解水制氢技术。固体氧化物制氢面临的主要问题是技术还不够成熟和成本较高。

热化学循环分解水制氢是利用核反应产生的热能直接制氢。由于水直接分解需要 2500℃以上高温，难以实际应用，因此需要将热解过程通过热化学循环过程进行，即利用两个或多个热驱动的化学反应相耦合，组成一个闭路循环，所有的试剂都在过程中循环使用，使得每一个反应都可在较低温度下进行，所需热源温度可降低至 800~900℃，其热效率与卡诺循环相似。国际上主要的热化学循环分解水制氢是碘硫循环，研究集中在反应动力学、热力学、反应物分离、材料稳定性、流程设计以及经济可行性分析，总体还处于研发验证阶段。

四十二、海水可以用来制氢吗？

海上风电平台、深海岛礁等涉及海洋的一些氢能应用场景，缺乏淡水资源，需要利用海水制取氢气。与淡水不同，海水成分非常复杂，包含钠、镁、钙、钾、氯、硫酸根等各种离子，以及微生物和颗粒等成分，直接电解海水会导致制取氢气时产生副反应竞争、催化剂失活、隔膜堵塞等问题。海水制氢有两条技术路线，一种是通过技术手段解决这些问题实现海水直接制氢，另一种则首先通过海水淡化将海水转化为淡水，然后采用成熟的淡水制氢技术来制取氢气。

海水直接制氢包括海水电解制氢和海水光解制氢两种技术方法。海水电解制氢与常规的电解水制氢原理接近，反应均包括阴极析氢反应（hydrogen evolution reaction，HER）和阳极析氧反应（oxygen evolution reaction，OER）两个半反应。与常规电解水制氢不同的是，对于海水制氢装置的阳极来说，海水中的高浓度氯离子带来的析氯反应（chlorine evolution reactions，ClER）会与OER发生竞争，降低转化效率，产生的氯对电极会产生严重的腐蚀作用。因此，开发具有高活性、高选择性的海水阳极电解催化剂，对于避免海水中离子的影响至关重要。对于阴极来说，虽然没有析氯这种竞争性反应，但海水中存在的各类溶解阳离子随反应进程产生的氢氧化镁、氢氧化钙等不溶物质以及微生物和小颗粒等杂质会覆盖催化剂活性位点，引起阴极催化剂中毒或加速催化剂降解，降低电解性能。国内外海水电解制氢的研究主要围绕HER催化剂、OER催化剂、双功能催化剂以及电解系统等开展。有研究者采用固体氧化物电解技术进行海水电解，由于这种技术海水首先转化为高温水蒸气再电解，大部分海水中的杂质不会接触到电解装置，因此电解效果相对较好，但固体氧化物电解技术本身还不够成熟，成本较高。海水直接电解制氢技术尚停留在技术研发与验证阶段，全球范围内的研发强度还不够活跃。

由于海水的成分复杂且缺乏高效的催化剂，光解制氢还停留在机理探索和早期试验阶段，直接利用海水光解制氢的研究并不多，研究主要围绕催化剂、牺牲剂、光源、海水的影响等开展，与工业应用还有较长距离。

海水淡化后再进行电解制氢这一技术路线较为成熟，无论是海水淡化还是电解水制氢都是成熟技术。海水制氢国内外示范项目的技术路线均为海水淡化后电解制氢。海水淡化制氢需要海水淡化装置，会增加额外的成本。但海水淡化的成本并不高，电解水制氢需要的淡水量并不大，例如 1MW 的质子交换膜制氢装置每小时仅需要淡水 0.3t 左右，海水淡化带来的成本不会超过氢气成本的 2%。

因此，从技术成熟度和经济性方面考虑，海水淡化制氢都具有明显优势，也是主要应用的技术方向。海水直接电解制氢技术还需要进一步提升技术成熟度，并降低成本。海水光解制氢尚处于实验室阶段，与实际应用还有很长的距离。

第四章

储氢

四十三、储氢的主要方式有哪些？

储氢的主要方式包括高压气态储氢、低温液态储氢、固态储氢（包括金属氢化物储氢和吸附储氢）、有机液态储氢等。

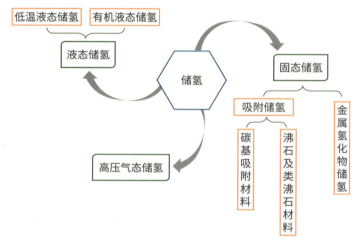

图 4-1　氢气存储方式

由于氢气密度低，将氢气压缩进行存储，可以大幅提高氢气的存储密度。高压气态储氢早期多采用钢制氢瓶和钢制压力容器，这方面技术非常成熟且成本较低，而目前国际上车用高压储氢瓶的主流技术则是以铝合金/塑料作为内胆、外层用碳纤维进行包覆的Ⅲ型、Ⅳ型瓶，可以大大提升氢瓶的结构强度并减轻重量。

低温液态储氢是将氢降温至临界温度转化为液氢进行存储。与高压气态储氢相比，低温液态储氢的质量储氢密度和体积储氢密度都有大幅度提高，其质量储氢密度可以达到 5.7%，存储和运输能力远高于高压气态储氢，但氢气液化耗电量大，液化 1kg 氢气就要消耗 7~15kWh 的电量。为了能够稳定地储存液态氢，还需要耐超低温和保持超低温的特殊容器，制造难度大，成本高。此外，低温液态储氢还存在易挥发、运行过程中安全隐患多等问题。

固态储氢包括金属氢化物储氢及吸附储氢。金属氢化物储氢是使用储氢合金来储存氢气，单位体积储氢能力较强，体积储氢密度最高可达到 80g/L，释放出来的氢气纯度非常高。储氢合金主要有钛系储氢合金、锆系储氢合金、铁系储氢合金及稀土系储氢合金。金属氢化物储氢也存在一些缺点，主要是吸氢脱氢过程慢、所需温度高，吸氢和脱氢比较困难，此外，成本高也是限制金属氢化物储氢的重要因素。另外一种固态储氢方式是碳纳米管吸附储氢。有报道称单壁碳管吸附储氢的质量密度达 5%~10%，多壁碳纳米管储氢可达 14%。但是这些报道没有经过严格验证，碳纳米管吸附储氢技术还处于实验室阶段。

有机液态储氢的技术原理是基于不饱和液体有机物在催化剂作用下进行加氢反应，生成稳定化合物，当需要氢气时再进行脱氢反应。有机液态储氢密度高，并且可以利用石油基础设施进行运输、加注，具有很好的安全性和运输便利性。但有机液态储氢技术脱氢困难，并存在催化剂成本和效率难以兼容、装置复杂等问题，技术成熟度还不够高，未能进行大规模推广。

表 4-1 主要储氢技术及其优缺点

储氢类型	储氢密度	优点	缺点
高压气态储氢	质量密度：1%~5% 体积密度：14~40g/L	常温可快速充放氢	储氢量低，对高压储氢瓶技术要求高，可能存在安全隐患
低温液态储氢	体积密度：71g/L	储存容器体积小	液化耗能高，储存条件要求苛刻
固态储氢	质量密度：1.4%~10% 体积密度：18~80g/L	安全、稳定，易操作	加氢脱氢较困难，成本高
有机液态储氢	质量密度：5.8%~7.2%	运输方便，能耗低	催化加氢和脱氢复杂

四十四、不同储氢方式的主要应用领域／场景有哪些？

储氢方式主要有高压气态储氢、低温液态储氢、固态储氢和有机液态储氢。各种方式根据其技术特点，有着最适合的应用场景。

高压气态储氢技术发展成熟，放氢过程简单，在车用氢能领域应用广泛。国际上已实现 70MPa 车载储氢Ⅳ型瓶、90MPa 站用储氢容器、50MPa 及以上的纤维缠绕复合储氢与运输容器等设备的量产和规模应用。

低温液态储氢适用于大量、远距离储运场景，国内外在航天领域普遍采用低温液态储氢。国外在长距离运输、加氢站存储方面也广泛应用了液氢。此外，国内外也开展了无人机液氢贮箱研究，通用汽车、福特汽车、宝马汽车等也推出过使用车载液氢储罐供氢的概念车，但未有实际产品应用。

固态储氢体积储氢量大、安全性高，适用于军用等特殊场景。有机液态储氢的储氢密度大，运输方便，适用于氢能大规模、长距离运输。但固态储氢和有机液态储氢技术均处于研发和示范阶段，成本较高，尚无成熟的商业化应用。

四十五、高压气态储氢的原理和关键设备是什么？

高压气态储氢技术是指将氢气高压压缩并注入储氢容器中，让氢气以高密度气态形式储存的一种技术。高压气态储氢成本较低，使用方便，充放氢速度快，是发展最成熟的储氢技术。

氢气在压力较低时可看作理想气体，氢气密度与压力基本呈线性正比关系，但压力较高时，氢气的密度与理想气体方程偏差较大。在 0℃情况下，氢气压力为 10 个大气压时，其密度与标准状态氢气密度的 10 倍非常接近，而氢气压力为 1000 个大气压时，其密度为标准状态氢气密度的 587 倍，与线性关系偏差较大。常见的高压储氢瓶有 35MPa 和 70MPa 两种规格，分别对应着 25g/L 和 41g/L 的氢气密度。

温度（℃）	压力（MPa）						
	0.1	1	10	35	50	70	100
0	0.0887	0.8822	8.3447	25.076	32.968	40.627	52.115
25	0.0813	0.8085	7.6711	23.351	30.811	38.256	49.424
50	0.0750	0.7461	7.1003	21.848	28.928	36.157	47.001
75	0.0696	0.6928	6.6100	20.527	27.268	34.285	44.810

表 4-2　氢气密度与温度压力的关系　　　　　　　　　单位：g/L

数据来源：美国国家标准与技术研究院（NIST）。

　　高压气态储氢的核心设备包括氢气压缩机和高压储氢气瓶。氢气压缩机包括膜式、往复活塞式、回转式、螺杆式、涡轮式等多种类型，最高的压力可以达到 400MPa。

　　高压储氢气瓶是高压储氢的主要装备，具有充放氢简单、使用灵活等优点，是目前唯一能实际用于车载的储氢容器。随着应用端需求的不断提高，高压储氢气瓶一直在追求更高的储氢压力和更轻的重量。高压储氢容器主要有 4 种类型：Ⅰ型瓶为全金属储气瓶；Ⅱ型瓶仍采用金属内胆，利用纤维环向增强，工作压力有了一定提升；Ⅲ型瓶为铝合金内胆纤维复合材料全缠绕的气瓶，工作压力更高，重量显著减轻；Ⅳ型瓶在Ⅲ型瓶的基础上采用了塑料内胆，工作压力和储氢密度有了进一步提升。Ⅰ型瓶和Ⅱ型瓶成本较低，多用于固定场合，而Ⅲ型瓶和Ⅳ型瓶则已成为车载储氢瓶的主流。

（a）Ⅰ型瓶　　　（b）Ⅱ型瓶　　　（c）Ⅲ型瓶　　　（d）Ⅳ型瓶

图 4-2　Ⅰ型、Ⅱ型、Ⅲ型、Ⅳ型瓶实物示意

表 4-3　不同类型的高压气瓶

类型	Ⅰ型	Ⅱ型	Ⅲ型	Ⅳ型
材质	纯钢制金属瓶	钢制内胆纤维缠绕瓶	铝合金内胆纤维缠绕瓶	塑料内胆纤维缠绕瓶
工作压力（MPa）	17.5~20	26.3~30	30~70	>70
质量储氢密度（%）	约1	约1.5	2.4~4.1	2.5~5.7
体积储氢密度（g/L）	14.28~17.23	14.28~17.23	35~40	38~40
使用寿命（a）	15	15	15	15

　　国际上已实现 70MPa 车载储氢Ⅳ型瓶、90MPa 站用储氢容器的量产。国外从事气氢储运装备研发制造的企业主要有意大利 Faber、美国 Hexagon Lincoln、日本丰田等。日本丰田 Mirai 氢燃料电池汽车使用的塑料内胆和纤维缠绕的Ⅳ型储氢瓶是国际车载领域最具代表性的产品，其额定工作压力为 70MPa，质量储氢密度高达 5.7%，容积为 122.4L，储氢总量为 5kg，体积储氢密度达到 41g/L。

图 4-3　日本丰田 Mirai 的Ⅳ型储氢瓶

四十六、国内高压气态储氢厂商有哪些？

在车用高压储氢罐方面，国内已具备成熟技术，主要生产企业有中材科技、国富氢能、北京科泰克、天海工业、沈阳斯林达等。国内 35MPa 级别的技术和产品成熟，已广泛用于燃料电池汽车；70MPa 也已开始推广示范。

从车载储氢瓶供应商来看，中材科技、国富氢能、北京科泰克、天海工业、沈阳斯林达等企业已具备量产 70MPa Ⅲ型储氢瓶的能力。中材科技成立于 2001 年，隶属于中国建材集团，拥有国内唯一的板式拉深制造生产线，已成功掌握 70MPa 铝合金内胆碳纤维复合氢气瓶关键技术。国富氢能成立于 2016 年，专业从事车载供氢系统、氢液化装置与液氢储运容器等产品研发制造，在国内具有较高的市场占有率。北京科泰克成立于 2003 年，其 70MPa Ⅲ型氢气瓶在容积和质量储氢密度上都居国内先进水平，其容积为 140L 的 70MPa 氢气瓶的质量储氢密度接近 5%。天海工业是国内首家完成氢燃料商用车用 70MPa 大容积Ⅲ型瓶国家标准取证企业，其 70MPa Ⅲ型储氢瓶配套了国内首台北汽福田 70MPa 氢燃料客车车型。沈阳斯林达等企业的 70MPa 储氢瓶也已为不同车型完成配套。

在固定式高压储罐方面，国内主要生产企业有中集安瑞科、开原维科、巨化集团等。

中集安瑞科为上海世博会加氢站提供了国内第一台 45MPa 氢气储能器和第一台 35MPa 移动加氢车，累计为国内加氢站提供储能器 50 套以上，为国外加氢站提供储能器达 240 套以上，研制出的 87.5MPa 钢质碳纤维缠绕大容积储氢容器已示范应用于大连加氢站。开原维科是加氢站用储氢罐、高压储罐、加氢反应器等的供应商，设计生产三种型号的高压氢气储罐，设计压力分别为 49.5MPa 和 50MPa 和 98.5MPa。巨化集团生产的高压储氢罐由浙

图 4-4　天海工业Ⅲ型储氢瓶

图 4-5　中集安瑞科 45MPa 储氢瓶组

江大学设计、巨化集团制造，有设计压力为 50MPa 和 98.5MPa 的多种储罐规格的产品。

四十七、什么是低温液态储氢？

低温液态储氢是一种深冷氢气存储技术。在标准状况下，1L 氢气的质量是 0.0899g，密度远小于空气。在深冷条件下将氢转化为液态后，常温、常压下液氢密度可达 70.8541kg/m³，是标准状态下氢气密度的 790 倍，是 35MPa 高压氢气密度的近 3 倍，也远高于 70MPa 高压氢气的密度（约为 41kg/m³）。在高压下，液氢的体积储氢密度会随压力的升高而增加，如在 –252℃下液氢的压力从 0.1MPa 增至 23.7MPa 后，其体积储氢密度可以从 71g/L 增至 87g/L。由于质量能量密度高，液氢已在航天工业得到重要应用，液氢液氧发动机是性能最好的火箭发动机。液氢也在加氢站、燃料电池汽车方面逐步得到应用。

液氢制取比较困难，其主要原因是氢的临界温度很低。通过加压的方式可以使气态物质液化，但每种物质都有一个特定的温度，在这个温度以上，无论多大的压力，气态物质都不可能被液化，这个温度就是临界温度。氢气的临界温度为 –239.96℃，远低于氮气（–146.9℃）、氧气（–118.57℃）等常见气体的临界温度。在常压下，

温度 –252.87℃时，氢气才可以转变成无色的液体；–259.1℃时，变成雪状固体。由于氢气液化需要很低的温度，液氢制取工艺复杂，同时消耗能量较高，可以达到氢气本身热值的1/3。此外，液氢还存在正仲氢转化的问题，给液氢制取带来额外的技术难度。由于保存液氢也需要很低的温度，因此液氢的储存对绝热要求很高，技术难度较大。

图 4-6 德国 Ingolstadl 氢液化生产装置　　图 4-7 美国 NASA 液氢储罐

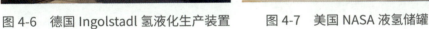

总体来说，相对于其他储氢方式，低温液态储氢技术在质量储氢密度和体积储氢密度方面具备明显优势。但由于存在液化过程耗能大、对储氢容器的绝热性能要求极高、关键设备技术难度大等问题，低温液态储氢成本较高，低温液氢技术多用于航天，民用较少。随着氢能产业的迅猛发展，对用氢提出了更大需求，低温液态储氢将是未来的主要储氢手段之一，低温液态储氢越来越有从军工向民用发展的趋势。2021 年 5 月，国家标准委员会批准发布了《氢能汽车用燃料　液氢》《液氢生产系统技术规范》和《液氢贮存和运输技术要求》3 项国家标准，进一步推动了液氢民用化进程。

四十八、氢液化有哪些生产工艺？

1898 年，詹姆斯·杜瓦（James Dewar）发明了真空瓶，首次实现了氢液化。人类关于氢液化技术的研究，已历经一个多世纪的发展，主要有四种生产工艺。

1. 节流液化循环（预冷型 Linde-Hampson 系统）

1895 年，德国林德（Linde）和英国汉普逊（Hampson）分别独立提出了节流液化循环，所以也叫林德－汉普逊循环，是工业上最早采用的循环。该系统是先将氢气用液氮预冷至转换温度（20.46K）以下，然后通过 J–T 节流（焦耳－汤姆逊节流）实现液化。

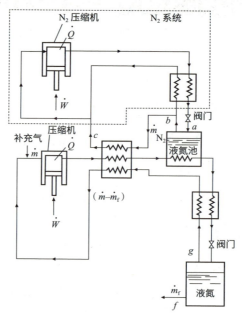

图 4-8　节流液化循环工艺

采用节流液化循环液化氢时，必须借助外部冷源进行预冷。气氢经压缩机压缩后，经高温换热器、液氮槽、主换热器换热降温，节流后进入液氢槽，部分被液化的氢积存在液氢槽内，未液化的低压氢气返流复热后回压缩机。

2. 带膨胀机液化循环（预冷型 Claude 系统）

1902 年，克劳特（Claude）发明带膨胀机液化循环，通过气流对膨胀机做功来实现液化，所以也叫克劳特液化循环。压缩气体通过膨胀机对外做功可比 J-T 节流获得更多的冷量，因此液氮预冷型 Claude 系统的效率比 L-H 系统（Linde-Hampson 系统）高 50%~70%，热力完善度为 50%~75%，远高于 L-H 系统。世界上

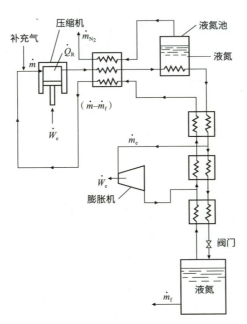

图 4-9　带膨胀机液化循环工艺

运行的大型液化装置都采用此种液化流程。

3. 氦制冷液化循环

氦制冷液化循环包括氦制冷循环和氢液化两部分。氦制冷循环为 Claude 循环系统，这一过程中氦气并不液化，但可达到比液氢更低的温度（20K）；在氢液化流程中，被压缩的氢气经液氮预冷后，在热交换器内被冷氦气冷凝为液体。此循环的压缩机和膨胀机内的流体为惰性的氦气，对防爆有利；另外，此法可全量液化供给的氢气，并容易得到过冷液氢，能减少后续工艺的闪蒸损失。

氦制冷液化循环消除了处理高压氢的危险，运转安全可靠，但氦制冷系统设备复杂，制冷循环效率比有液氮预冷的循环低

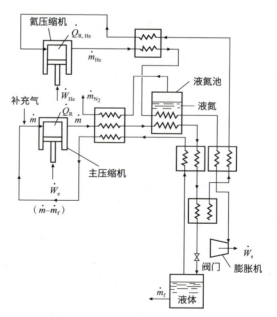

图 4-10　氦制冷液化循环工艺

25%，故在氢液化当中应用不是很多。

4. 磁制冷液化循环

磁制冷液化循环利用磁热效应制冷，磁制冷工质在等温磁化时放出热量，而绝热去磁时从外界吸收热量。磁制冷液化循环效率较高，同时无需低温压缩机，使用固体材料作为工质，结构简单、体积小、重量轻、无噪声、便于维修、无污染，但还处于研发阶段，未实现商业化。

这几种氢液化生产工艺都比较复杂，其共同之处在于：

（1）制冷温度低，制冷量大，单位能耗高，需要消耗超过氢气热值 30% 的能量，相当于每液化 1kg 氢气消耗 7~15kWh 能量。

（2）氢的正仲转换使得液化氢气所需的功远大于甲烷、氮、氦等气体，其中正仲转化热约占其理想液化功的 16%。

（3）剧烈的比热变化导致氢气的声速随着温度的增加而快速增大。当氢气压力为 0.25MPa、温度从 30K 变化到 300K 时，声速从 437m/s 增加到 1311m/s，这种高声速使得氢膨胀机转子承受高应力，膨胀机设计和制造难度很大。

（4）在液氢温度下，除氢气以外的其他气体杂质均已固化（尤其是固氧），有可能堵塞管路，引起爆炸，所以原料氢必须严格纯化，磁制冷液化循环也因此得到更多的关注。

四十九、国内外在液氢技术方面有没有差距？

欧美日等地区和国家液氢技术已经发展得相对成熟，液氢储运等环节已进入规模化应用阶段，商业化液化规模国际先进水平可超 30t/d，储罐容积超 3000m³。美国土星 5 号运载火箭的地面储罐容积为 3500m³，俄罗斯 JSC 深冷机械制造股份公司现在可生产 1400m³ 的球型液氢储罐，日本种子岛航天中心的液氢储罐容积达到 540m³，NASA 正在建造 4700m³ 的世界上最大液氢储罐。车载液氢储存也有少量应用，如美国通用公司推出的"Hydrogen 3"轿车样车，使用的液氢储罐长 1000mm，直径 400mm，重 90kg，质量储氢密度 5.1%，体积储氢密度 36.6kg/m³。

国内液氢在航天领域有一定实际应用，但在燃料电池、加氢站等氢能产业中还处于起步阶段。北京航天 101 所、中科富海、国富氢能、中集安瑞科等科研院所和企业在液氢装备设计制造方面具备较强的实力。

液氢产、储、运各环节涉及的设备主要有氢液化装置、储罐、罐车和加注系统等，均已形成自主国产化的技术和产品，但与国际先进水平仍有较大差距。国内低温液氢产能较低，成本过高，导致液氢产业还未进入高速发展阶段，液氢应用于氢能领域还有较长的路要走。

图 4-11　中科富海 5t/d 氢液化机

图 4-12　国产液氢槽车

五十、固态储氢的原理是什么？

　　固态储氢是利用固体对氢气的物理吸附或化学反应等作用，将氢储存于固体材料中。一种是通过活性炭、碳纳米管、碳纳米纤维

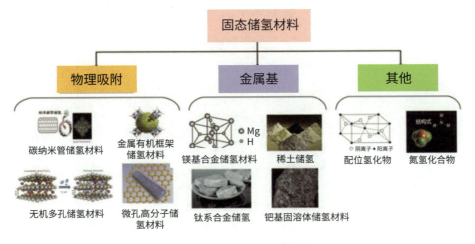

图 4-13　固态储氢材料

碳基材料或者金属有机框架物（MOFs）、共价有机骨架（COFs）等具有微孔网格的材料通过物理性质的吸附来存储氢气，这些材料还处于实验室研究阶段，尚未有实际应用。

另一种是利用金属氢化物储氢，原理是：具有很强捕捉氢能力的某些金属，在一定温度和较低的压力条件下，能够大量"吸收"氢气，反应生成金属氢化物，同时放出热量。而这些金属氢化物通过加热或与水反应，又会分解将储存在其中的氢释放出来，化学式为

$$M + x/2H_2 \underset{\text{Abs}}{\overset{\text{Des}}{\rightleftharpoons}} MH_x + \Delta H$$

氢气与多数金属都能够发生化合反应，意味着大部分金属都有储氢能力。但金属储氢技术为了实现吸放氢的可控和可逆性，往往需要多种金属组成合金：一部分是吸氢能力强的金属（A类），如Mg、Ti、Zr、Ca、Re 等；另一部分是吸氢能力弱的金属（B类），如 Fe、Co、Ni、Cr 等，调节反应生成热与分解压力。

图4-14　储氢合金

几十年来已经发展出多种储氢合金，但综合吸放氢条件、体积密度、质量密度、成本等条件，适合于工业生产的种类不多，主要有稀土镧镍系、钛铁系、钛锆系、钒基固溶体、镁系等。

五十一、固态金属储氢的技术成熟度如何？

固态金属储氢是一种非常具有潜力的储氢方式，能够克服高压气态、低温液态储氢方式的缺点，具有储氢体积密度大、压力低、安全性高等特点。但主流金属储氢材料存在质量储氢密度低于3.8%、氢的吸放温度较高、成本高等问题，这些仍然是限制固态金属储氢应用的主要因素。国外固态金属储氢已经在燃料电池潜艇中得以应用，在分布式发电、风电制氢、规模储氢中也有示范应用，我国的固态金属储氢在分布式发电中有少量示范应用。

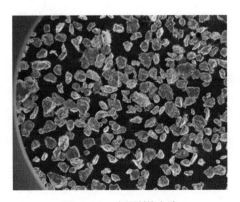

图 4-15　新型镁合金

固态金属储氢使用的合金材料大致可分为稀土镧镍系、钛铁系、钛锆系、钒基固溶体、镁系等。

稀土镧镍系储氢合金的典型代表是 $LaNi_5$，具有 AB_5 型结构。该类合金具有较低的工作温度和压力，平台压力适中且平坦，吸放氢平衡压差小，动力学性能优良，可以实现室温下吸氢与脱氢，抗杂质气体中毒性能较好。经过元素部分取代后的 $MmNi_5$（Mm 为混合稀土，主要成分为 La、Ce、Pr、Nd）系合金已广泛应用于金属氢化物/镍电池的负极活性材料。由于该类储氢合金本身较重，质量储氢密度很低，最多不超过 1.14%，难以满足车载供氢系统要求。

钛锆系储氢合金一般是指具有拉夫斯（Laves）相结构的 AB_2 型金属间化合物。Ti/Zr 占据 A 位置，过渡金属 V、Cr、Mn 和 Fe 等占据 B 位置。与 $LaNi_5$ 体系相比，Laves 相系列化合物由于较高的储氢容量、较长的寿命而受到人们的注意，如 Laves 相合金的质量储氢密度达到 2%。但 AB_2 型合金存在室温下过于稳定、初期活化困难、对于气体纯度较为敏感等问题，而且合金原材料价格相对偏高。

镁系储氢合金具有储氢容量高、资源丰富以及价格低廉的特点，受到各国科学家的高度重视。Mg_2Ni 能形成 Mg_2NiH_4 氢化物，质量储氢密度达到 3.16%。但其缺点是放氢温度高，一般为 250~300℃，且放氢动力学性能较差。MgH_2 具有很高的理论质量储氢密度（达 7.17%），但作为储氢材料，存在放氢温度高、脱氢动力学速度慢的缺点。

图 4-16 固态氢储存器

总体来说，固态金属储氢技术还存在着成本高昂、吸放氢温度高、脱氢速度慢等一些问题需要解决，虽然有一些示范应用场景，但仍需提高技术成熟度、降低成本才能实现规模化应用推广。

五十二、有机液态储氢的原理是什么？

有机液态储氢（LOHC）具有储氢密度大、储存和远程运输安全、设备保养容易、成本低、可循环多次使用的优点，是未来氢能储运过程中很有潜力的技术方向。

有机液态储氢主要是利用不饱和液态有机物的加氢和脱氢反应实现氢的存储。有机液态储氢通过以下循环实现氢能储存输运：首先，有机液态储氢介质通过催化加氢反应实现氢能的储存；然后，将加氢后的液态有机物利用现有的设备进行储存和运输；最后，储氢介质储存的氢气通过脱氢反应释放出来，供给终端用户使用，储氢介质经过冷却等处理后，等待下次使用。一般来说，有机液态储氢需要储氢介质和脱氢产物均为液态且可以循环使用，因此氨和甲醇等储氢方式通常不被认为是有机液态储氢。

图 4-17 有机液态储氢

一个好的液态有机物储氢材料体系应包括以下特点：

（1）低熔点（<-30℃），高沸点（>300℃）；

（2）高储氢能力（>56kg/m³ 或者质量储氢密度 >6%）；

（3）脱氢吸热低（如在 1bar H_2 的压力下，脱氢温度 <200℃）；

（4）能够非常容易地选择性氢化或者脱氢，且具备非常好的循环寿命；

（5）与现存燃料的基础设施能够兼容；

（6）材料容易得到，且价格低廉；

（7）在使用和运输过程中，材料毒性低，对环境污染小。

理论上讲，烯烃、炔烃、芳香烃等可发生加氢反应的不饱和有机液态化合物，均可作为储氢剂多次循环使用，包括环己烷、甲基环己烷、十氢化萘等传统材料体系以及咔唑、乙基咔唑等新型材料体系。

有机液态储氢（LOHC）技术虽然具有很好的应用前景，但还存在很多问题，例如必须配备的加氢、脱氢装置成本较高；脱氢反应效率较低，且易发生副反应使氢气纯度不高；脱氢反应常在高温下进行，催化剂易结焦失活等。同时，由于冷启动和补充脱氢反应能量需要燃烧少量有机化合物，因此该技术很难实现"零排放"目标。

五十三、有机液态储氢的技术成熟度如何？

有机液态储氢（LOHC）技术是一种新型、高储氢密度的储氢技术，在氢气的大规模储运、跨洋运输与国际氢贸易方面有着很好的发展潜力。近年来对于 LOHC 技术已有较多研究，常见的 LOHC 介质体系包括环己烷、甲基环己烷、十氢化萘、咔唑、乙基咔唑、二苄基甲苯等。许多公司也已开展 LOHC 方面的研究，如德国 Hydrogenious 公司的主要研究方向为二苄基甲苯，已进展到应用示范阶段；日本千代田公司的主要研究方向为甲基环己烷，已被用于远洋氢输送示范；国内武汉氢阳能源主要开展乙基咔唑的研究，已形成小规模示范。

图 4-18　德国 Hydrogenious 公司的 LOHC 产品

表 4-4　不同有机液态储氢路线汇总对比

储氢介质	化学组成	熔点（℃）	沸点（℃）	质量储氢密度（%）	脱氢介质	脱氢温度（℃）
环己烷	C_6H_{12}	6.5	80.7	7.19	苯	300~320
甲基环己烷	C_7H_{14}	−126.6	101	6.16	甲苯	300~350
反式十氢化萘	$C_{10}H_{18}$	−30.4	185	7.29	萘	320~340
十二氢咔唑	$C_{12}H_{21}N$	244.8	355	6.7	咔唑	150~170
十二氢乙基咔唑	$C_{14}H_{25}N$	41	290	5.8	乙基咔唑	170~200
十八氢二苄基甲苯	$C_{21}H_{38}$	−34	395	6.2	二苄基甲苯	260~310
八氢二甲基吲哚	$C_{10}H_{19}N$	−15	260.5	5.76	二甲基吲哚	170~200

环己烷、甲基环己烷、十氢化萘、二苄基甲苯等均属于芳香族化合物。其中，环己烷和甲基环己烷体系具有较好的反应可逆性，储氢量也较高，价格低廉，常温下为液体，是比较理想的有机液态

储氢体系。十氢化萘储氢能力强，常温下是液体，但在加氢、脱氢及运输过程中易出现原料的不断损耗。二苄基甲苯作为常用的工业导热油，具有热稳定性好、沸点高、熔点低、毒性低等优点。芳香族化合物属于较为传统的有机液态储氢材料，它们有一个共同的缺点就是脱氢温度高，普遍在300℃左右，影响了实际使用。

不饱和芳香杂环有机物是一种较为新型的有机储氢介质，其中咔唑和乙基咔唑是典型代表。咔唑主要存在于煤焦油中，可通过精馏或萃取等方法得到，常温下为片状结晶。咔唑和乙基咔唑的脱氢温度可低于200℃，明显低于环己烷等材料体系，脱氢反应得到的氢气纯度高达99.9%，且没有CO、NH_3等气体产生。但杂环有机物熔点偏高，常温下为固态，给储运带来一定不便，成本也相对较高。

LOHC材料中具有商业化潜力的主要是甲基环己烷体系、乙基咔唑体系和二苄基甲苯体系。这几种体系各有优缺点：甲基环己烷价格低廉，常温下为液体，使用方便，但加氢、脱氢温度较高；二苄基甲苯成本比甲基环己烷高，但脱氢温度低一些；乙基咔唑脱氢温度最低，但成本最高，且储氢能量低于前两者。

LOHC技术还存在一些问题需要解决：一是加氢、脱氢利用率无法达到100%，真实储氢密度明显低于理论储氢密度；二是脱氢温度高，能耗大，一般需要采用贵金属催化剂，成本较高且难以用于车载储氢等场景。总体来讲，有机液态储氢技术成熟度还有待于提升，尚难以大规模商业化应用。提高低温下有机液态储氢介质的脱氢速率与效率、提高催化剂反应性能、改善反应条件、降低脱氢成本是进一步发展该技术的关键。

五十四、大规模储氢的技术路线有哪些？

风、光等可再生能源存在着较强的间歇性，尤其是季节性的差异对未来大规模储能提出了很高的要求。在所有的储能技术中，氢有可能成为数周甚至数月量级长周期储能中成本最低的方式。如何大规模存储氢气（千吨级甚至万吨级的存储量），成为其中最关键的问题。

储氢的技术路线主要有高压气态储氢、低温液态储氢、固态储氢、有机液态储氢。此外，将氢气制成氨或者甲醇也是变相的氢能存储方式。下面对于各种储氢方式是否能满足大规模储氢的需求进行分析。

1. 高压气态储氢

高压气态储氢是应用最广泛的储氢方式，技术成熟、成本较低、易于维护，是大规模储氢最具可行性的方法。高压气态储氢技术主要分为两大类，即固定式储氢容器和地质储氢。

固定式储氢容器具有非常成熟的技术。与车载储氢瓶不同，

图 4-19　大型固定式高压储氢容器

固定式储氢容器更关注经济性和安全性，对于质量储氢密度要求不高，因此用于固定式储氢的容器主要是钢瓶和钢带缠绕高压储氢容器，更轻便的金属内胆Ⅲ型瓶和塑料内胆Ⅳ型瓶由于成本太高不适宜于大规模储氢。相较于钢瓶，钢带缠绕高压储氢容器储氢量大、成本低、安全性高，更适宜于大规模储氢。钢带缠绕高压储氢容器压力最高可达 100MPa，长度可达 25m，最大内直径可达 1.5m，储氢量可达数百千克，储氢成本约为 2200 元 /kg H_2（350 美元 /kg H_2）。1kg 氢可消纳约 50kWh 的可再生能源电力，因此采用钢带缠绕高压储氢容器大规模储氢，存储 1kWh 电量的设备成本可低于 50元，远远低于电化学储能设备的成本（1500~2000 元 /kWh）。

采用天然气存储装置储氢也是一种可能的技术方式。大型天然气球形压力容器可在 2MPa 的压力下容纳约 30 万 m^3（标况）的气体，相当于近 27t 氢气，而且成本低、维护简单。但还未有实际的应用，是否可以用以大规模储氢需要进一步的研究和评估。

地质储氢是利用盐穴、枯竭油气田、含水层等地下结构，将氢气加压注入存储的一种储氢方式。地质储氢可以存储很大规模的氢气，成本很低，不占用地表面积，并且具有较高的安全性，是一种具有发展潜力的大规模储氢方式。美国、欧洲对地下大规模储氢方式进行了研究与尝试。美国的康菲石油（ConocoPhillips）和普莱克斯（Praxair）两家公司建立了两个地下盐穴储氢库。其中 Clemens 地下储氢库容积 58 万 m^3，最大存储压力超过 13MPa，最多可存储超过 6000t 的氢气。据估算，地下盐穴储氢的成本仅约为 10 元 /kg（1.6 美元 /kg），远远低于其他类型的储氢方式。然而，地下储氢对地质结构要求较高，不能广泛应用于各个场合，且可能存在潜在气体污染或者泄漏。此外，成功实现储氢的仅有美国的少数盐穴储氢项目，技术成熟度比较低。

2. 低温液态储氢

低温液态储氢的体积密度高，液氢密度可达 71kg/m^3，大型容器可存储数百吨液氢，在储氢密度和储氢量方面适合于大规模储氢。但低温液态储氢存在几方面问题：首先，氢气液化消耗能量高达 7~15kWh/kg H_2，相比高压气态储氢能耗很高；其次，氢气液化装置结构复杂，技术难度大，液氢储罐对绝热要求非常高，这导致液氢存储的投资成本较高；最后，液氢存储过程中，为维持压力，存在持续的氢气损失，长期存储时氢气损耗较大。

3. 固态储氢

固态储氢主要包括物理吸附储氢和金属氢化物储氢。物理吸附储氢尚处于实验室研究验证阶段，无法应用于大规模储氢。金属氢化物储氢技术相对成熟，已有较多示范应用。金属氢化物体积储氢密度较大，如 MgH_2 的储氢密度可达 $86kg/m^3$，甚至超过了液氢。同时，金属氢化物储氢比较安全，不易发生氢泄漏，也适宜于大规模储氢。然而，金属氢化物储氢成本很高，与商业化的大规模储氢还有较大距离，能耗高、储氢脱氢需要温度高等技术问题还需要进一步解决。

4. 有机液态储氢

有机液态储氢通过液态有机材料的可逆加氢与脱氢过程实现氢能存储。有机液态储氢方便存储，可以利用现有的运输工具和管道，适合于大规模的氢能运输。但有机液态储氢技术还不够成熟，加氢、脱氢需要较高温度和贵金属催化剂，成本较高，现阶段难以用于大规模储氢。

5. 化合物储氢

将氢气制成氨、甲醇等含氢化合物进行存储和运输也是一种氢能的大规模存储方式。氨和甲醇的合成技术已经非常成熟，将由可再生能源制取的绿氢制取氨和甲醇等化工产品，并直接应用，是一种行之有效的大规模消纳可再生能源电力的方式。但如果氢气大规模存储的目的是调节可再生能源电力的季节差异，需要回网发电，那么采用氢制取氨或者甲醇的方式，能耗较高，转换效率相对偏低。

总体来说，现阶段采用固定式高压储氢容器进行大规模储氢是成本较低、可行性较高的技术路线。地质储氢具有非常高的经济性，但受地质条件影响很大，通用性低。低温液态储氢成本较高，适合于航天等场景的大规模储氢。固态储氢和有机液态储氢在大规模储氢方面具有发展潜力，但技术成熟度和经济性方面与实际应用还有较大距离。将氢气制取氨和甲醇等化工产品并直接应用是一种很好的大规模消纳可再生能源电力的方式，但用于电－氢－电储能效率偏低。

五十五、氨是否可以成为解决氢能储运难题的关键技术？

氨的分子式为 NH_3，理论上其质量储氢密度为 17.6%。液氨的体积储氢密度可达 $108kg/m^3$，超过液氢的体积密度的 1.5 倍，是高压储氢体积密度的近 3 倍。氨易于液化，对于存储容器要求低，运输技术成熟，易实现大规模长距离运输，建造氨气站也像建造液化石油气（LPG）站一样简单方便。同时，氨与甲醇等其他有机液态储氢介质不同，分解只产生氢气和氮气，不含有一氧化碳、硫等危害燃料电池的杂质，是非常适用于燃料电池用氢的存储介质。由于以上优势，氨已成为非常具有发展前景的氢运输载体，有潜力成为解决氢能储运难题的关键技术。日本、澳大利亚等国均已在积极布局"氨经济"，利用可再生能源电解水制氢后，通过"氢－氨－氢"这一流程完成绿氢运输。氨－氢运输这一方式在大型氢出口项目领域尤其具有优势。

氨作为氢的载体用于储输的整个过程主要包括氢气制取氨、氨的存储和运输、氨分解制氢、氢气提纯等步骤。其中，氢气制取氨以及氨的存储和运输技术已经非常成熟，氨分解制氢是"氨－氢"体系中最重要的技术。此外，氨制氢虽然不产生二氧化碳、硫化物等严重损害燃料电池的产物，但氨对燃料电池也有损害，因此氨制取的氢气仍然需要进行提纯。

我国合成氨工业已十分发达，2020 年我国氨产量超过 4900万 t。合成氨的技术非常成熟，可利用传统的工业催化技术，采用 H-B 工艺，在高温高压情况下通过氮气和氢气合成氨，也可利用电催化方法合成氨。氨的制造成本较低，主要采用化石原料制取液氨，价格在 4000 元 /t 左右，如果可以完全分解，相当于 1kg 氢的原料成本低于 25 元，考虑到氨在储运方面的成本优势，大规模长距离的情况下采用氨的方式运送氢具有明显的综合优势。

氨的催化分解是目前"氨-氢"体系需要解决的核心技术。氨分解工艺过程需要较高的温度，通常高达700℃，氨分解制氢还存在一定的损耗，反应的转换效率也有待提高。氨分解催化剂的研究还不够成熟，最有效和接近于商业化的催化剂是钌基催化剂，但成本较高，难以实现工业中大规模使用。镍基催化剂价格低廉、活性较高，被认为是一种具有工业前景的过渡金属催化剂，但使用温度范围高达850~1200℃，易团聚烧结，寿命短，在活性和稳定性方面有待加强。为实现氨分解制氢的实际商业应用，低压、低温、高活性、低成本的新型氨分解催化剂研究将是未来研究的重点。

氨作为氢的载体，具有储运方便、无碳排放的特点，是未来有着巨大潜力的方向。但要实现大规模氨氢转换，让"氨-氢"这一方式成为氢能产业的一环，仍需开展大量研究工作，推动氨分解制氢的低成本高性能催化剂、氨分解制氢大容量设备、纯化技术以及终端产品等产业链各环节的发展。

五十六、甲醇是否可以成为绿氢的载体？

甲醇具有很高的储氢密度。甲醇本身含氢量较高，可达12.5%，通过甲醇水蒸气催化重整反应，进一步从水中取得额外氢气，甲醇的质量储氢密度可提高到18.75%。甲醇作为氢能载体在远距离（>200km）输送经济性方面较直接使用氢气具有较大的优势。绿氢存储于甲醇中可实现高效运输、分配和存储，可供下游的加氢站使用。甲醇也可以直接作为燃料或者化工原料使用。

甲醇可以通过可再生能源制氢与碳捕集装置捕集的二氧化碳合成生产，甲醇催化重整制氢技术也已较为成熟。甲醇合成会消耗碳捕集得到的二氧化碳，甲醇使用会将消耗的二氧化碳重新释放，过程中不会产生额外的碳排放。因此，甲醇作为绿氢的载体在当前具有可行性。

然而，甲醇作为绿氢的主要载体也存在一些问题。采用绿氢与捕集的二氧化碳大规模合成甲醇，则必须有碳排放的来源才能有足够的二氧化碳作为原料。甲醇的使用会产生二氧化碳，而在交通、分布式供能等应用较为分散的领域，这些二氧化碳的捕集是不现实的。因此，如果把氢气来源、二氧化碳来源和甲醇应用作为整体来看，这个过程是有碳排放的，甲醇的使用会将捕集到的二氧化碳重新释放回大气，因此甲醇作为绿氢载体只能降低单位能源使用的碳排放量，而不能实现整体的零碳过程。只有采用直接从空气中收集的二氧化碳合成甲醇才能实现完全的碳中和，但尚不具备实际可行性。因此，在未来碳中和的大背景下，以甲醇作为绿氢的主要载体是难以满足碳中和的目标的。

此外，甲醇制氢过程中会产生一氧化碳，对燃料电池催化剂会造成毒害，因此甲醇制氢还需要搭配氢气纯化设备，对燃料电池对于一氧化碳的耐受也提出了要求。这也导致了成本上升和应用范围受限。

综上所述，甲醇作为绿氢的载体在现阶段是具备可行性的，储运方便，可以有效降低单位能源使用的碳排放量。而放在未来碳中和的大背景下，由于难以做到全过程的零碳排放，单一的甲醇难以成为绿氢的主要载体。

五十七、碳纳米管储氢技术是什么？

碳纳米管（CNT）储氢属于固态储氢里的物理吸附储氢，碳纳米管由于其良好的化学和热稳定性及其独特的空心管结构，能够吸附大量气体，被认为是一种具有潜在价值的储氢吸附材料。

根据管壁的数量，CNT可分为单壁纳米碳管（SWCNTs）和

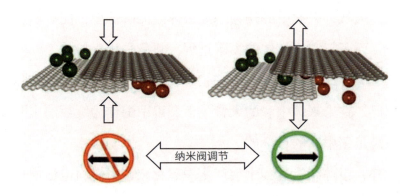

图 4-20　纳米阀固态储氢原理示意

多壁纳米碳管（MWCNTs）。CNT 主要有三种制备方法，即直流电弧放电法、激光蒸发法和化学气相沉积法，其中 SWCNTs 主要通过直流电弧放电法制备，MWCNTs 主要是由化学气相沉积法制备。

表 4-5　具有代表性的碳纳米管样品的储氢条件和储氢能力

样品	温度（K）	压力（MPa）	比表面积（m^2/g）	质量储氢密度（%）
NCNT-900	298	10	870	2
A-MWCNT/h-BN	373	—	367	2.3
D5 SWCNTs	298	14.1855	—	2.84
纯化 SWCNTs	292	12.2	229	1.7
KOH- 活化 MWCNTs	292.9	11.96	785	1.2
BCNT19	469	0.101325	523	1.2

　　研究者对碳纳米管及碳纳米管混合结构储氢开展了大量研究。CNT 可以通过添加其他一些储氢材料作为有效添加剂来改善其动力学，在碳纳米管上修饰不同的原子来提高 CNT 在环境条件下的储氢能力，这些修饰的原子与氢能够形成额外的结合能态，比如在纳米结构上修饰过渡金属，由于过渡金属自身的高结合能，从而提高了碳纳米管的储氢能力。CNT 的储氢机制尚不够明确，它的真实吸氢率数据也一直备受争议，虽然有一些研究人员宣传 CNT 具有很好的储氢能力，但实验数据的稳定性和可重复性均不好。整体而言，CNT 储氢还处于实验室研究阶段，与产业化应用还有较大距离。

第五章

输氢

五十八、氢能输运的方式主要有哪些？

氢能输运的方式主要包括气态氢输运、液态氢输运和固态氢输运，前两者将氢气加压或液化后再利用交通工具运输，是氢能输运主要使用的方式。

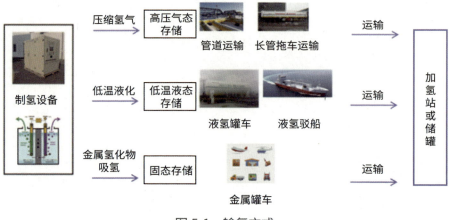

图 5-1　输氢方式

1. 高压氢气输运

高压氢气输运是指氢气经加压后，利用集装格、长管拖车和管道等工具输送的方式。常见的集装格由多个容积为 40L 的高压氢气钢瓶组成，充装压力通常为 15MPa。集装格运输灵活，适宜于需求量较小的用户。长管拖车设计工作压力一般为 20MPa，约可充装氢气 3500m³（标况）。长管拖车运输技术成熟，规范完善，因此国内外较多加氢站都采用长管拖车运输氢气。

氢气也可以通过管道运输。气氢管道运输具有输氢量大、能耗小和成本低等优势，运行压力一般为 1.0~4.0MPa。但建造管道初始投资较大，且由于氢气自身体积能量密度小以及容易对管材产生氢脆现象，其管道运输成本大于天然气管道运输的成本。

2. 液氢输运

液氢的体积密度是 70.8kg/m³，远高于高压气氢的体积密度。因此，将氢气深冷液化后，再利用槽罐车或者管道运输可大大提高运输效率。常见槽罐车的容量约为 65m³，每次可净运输约 4000kg 的氢气，远高于气瓶拖车的运输能力，国外采用槽车液氢运输的方式已比较普遍。液氢还可以利用铁路和轮船进行长距离或跨洲际输送，铁路液氢罐车可运 8.4~14t 氢，专业液氢驳船的运量可达 70t，但应用还很少。

液态有机物运氢使得氢可在常温常压下以液态形式输运，运输过程安全、高效，到达使用地点后在催化剂作用下通过脱氢反应提取出所需要的氢气。液态有机物运氢还处于研发和示范初期阶段。

表 5-1　主要运氢方式的特点

储运方式		运输量	应用情况	优缺点
高压气态	长管拖车	250~460kg/车	广泛用于商品氢运输	技术成熟，运量小，适用于短距离运输
	管道	310~8900kg/h	国外处于小规模发展阶段，国内尚未普及	一次性投资高，运输效率高，适合长距离运输，需要注意防范氢脆现象
低温液态		360~4300kg/车	国外应用较广，国内仅用于航天及军事领域	液化能耗和成本高，设备要求高，适合中远距离运输
有机液态		2600kg/车	试验阶段，少量应用	加氢及脱氢处理需要高温，催化剂技术不成熟，氢气纯度难以保证

五十九、长管拖车运氢适合于哪些应用场景？经济性如何？

长管拖车是国内最普遍的运氢方式，在技术上已经相当成熟。长管拖车由动力车头、整车拖盘和管状储存容器 3 部分组成，其中储存容器是由多只（通常 6~10 只）大容积无缝高压钢瓶通过瓶身两端的支撑板固定在框架中构成的，用于存放高压氢气。国内标准规定长管拖车气瓶公称工作压力为 10~30MPa，运输氢气的气瓶多为 20MPa。由于储氢容器自重大，长管拖车运输氢气的重量只占总运输重量的 1%~2%。因此，长管拖车运氢只适用于运输距离较近（运输半径小于 200km）和输送量较低的场景。

图 5-2　长管拖车

以一种集装管束箱（上海南亮公司生产的 TT11-2140-H2-20-I 型）为例，其工作压力为 20MPa，每次可充装体积为 4164m³（标况）、重量为 347kg 的氢气，装载后总重量为 33168kg，运输效率为 1.05%。

根据典型的产品参数和应用场景，按如下假设进行测算，对长管拖车运输的成本进行估算：

（1）加氢站规模为 500kg/d，距离氢源点 100km；

（2）长管拖车满载氢气重量 350kg，管束中氢气残余率 20%，每日工作时间 15h；

（3）拖车平均时速 50km/h，百公里耗油量 25L，柴油价格 7 元 /L；

（4）动力车头价格 40 万元 / 台，以 10 年进行折旧，管束价格 120 万元 / 台，以 20 年进行折旧，折旧方式均为直线法；

（5）拖车充卸氢气时长 5h；

（6）氢气压缩过程耗电 1kWh/kg，电价 0.6 元 /kWh。

根据以上假设，考虑人工成本、车辆保养及过路费等成本，可测算出规模为 500kg/d、距离氢源点 100km 的加氢站，运氢成本为 5.83~6.93 元 /kg。当距离为 200km 时，经估算成本为 7.72~8.82 元 /kg。当运送距离进一步增大时，车辆无法一天内完成运输，各项费用将大幅提升，因此长管拖车主要适宜于 200km 以内的运输。

表 5-2 长管拖车运氢成本

长管拖车运氢成本测算		数值（元 /kg）
固定成本	设备折旧	1.10
	人工费	2.19~3.29
	车辆保险	0.05
变动成本	油费	1.25
	压缩过程中的电费	0.60
	车辆保养	0.21
	过路费	0.43
合计成本		5.83~6.93

六十、液氢输运适合于哪些应用场景？经济性如何？

液氢输运有陆运、海运和管道输送三种途径。陆运为公路或铁路运输，采用的运输工具为液氢槽车，液氢公路或铁路槽车一般装载圆柱形液氢储罐，公路运输的液氢储罐容积不超过 $100m^3$，铁路运输的特殊大容量液氢储罐容积最高可达到 $200m^3$。

图 5-3　林德液氢公路槽车

液氢也可采用船舶进行海运，船上可装载较大容量的液氢储罐，将液氢通过海路进行长距离运输。日本、德国、加拿大有液氢海运船，例如日本川崎"SUISO FROTIER"号液氢海上运输船。用于船运的液氢储罐最大容积可达到 $1000m^3$，且无需经过人口密集区域，相较于陆运更加安全、经济。液氢海运是一种较好的液氢运输方式，但液氢船的核心技术难度较高，投入较大。

图 5-4　日本川崎"SUISO FROTIER"号液氢海上运输船

液氢也可以采用管道输送，但由于液氢温度极低，对液氢输送管路的低温性能和绝热性能要求较高，不适用于远距离输送（>200km），一般用于航天发射场或航天发动机试验场内的液氢输送。航天发射场将液氢由储罐运输到发射点多采用液氢管道输送，如美国肯尼迪发射场采用液氢管道将液氢由球型储罐运至440m外的发射点，使用的输送管路有20层真空多层绝热。

当运输距离超过200km时，液氢的运输和能耗费用之和显著低于高压氢气，日本、美国、德国等国的实践证明，长距离液氢的运输成本仅为高压氢气的1/5~1/8。因此，液氢是降低氢气运输成本的重要手段，适合长距离、大规模输氢，比如跨省运输、将制氢中心的氢运输至消费中心等。

六十一、管道输氢有哪些技术难题需要解决？

管道输氢的技术难题主要在于管道设计、管道安全性、管道防腐等方面。在管道设计方面，我国尚未有氢气输送管道的专业设计规范，管道布置、连接方式、管道选材等技术方面尚未有针对性的参照标准。

管道安全性是管道输氢最重要的研究方向。氢气管道通常使用 X42 和 X52 管线钢，由于氢气分子较小，极易渗透到钢管内部，导致钢管发生氢鼓包、氢脆、氢蚀、氢致开裂等损伤，致使管道材料性能恶化。管道小尺寸零件如螺栓、弹簧、铆钉等由于其加工成型时变形量大，晶粒粒径小，容易发生氢脆问题。同时，管道的焊

图 5-5　输氢管道

接部位由于其焊缝部分强度比两端要低，也易发生氢致失效现象。

在管道防腐方面，输氢管道使用的钢材在高温、高压的氢气环境中会发生氢腐蚀，造成管道内腐蚀，而复杂的外部敷设环境会对管道造成外腐蚀，影响管道寿命及安全性。因此，管道输氢需要更为专业的防腐技术措施。

此外，输氢管道服役的寿命预测、耐久性评价、材料测试等方面也需要进行突破。

六十二、天然气掺氢是什么？

在"碳达峰、碳中和"目标引领下，氢能发展虽已步入快车道，但依然受到氢气运输规模小、成本高的制约。天然气管网掺氢是一种经济、高效的大规模氢能运输和应用方式。其原理是将氢气以一定比例掺入天然气中，然后利用天然气管道或管网进行输送。掺氢天然气既可以直接被利用，比如作为燃气使用，也可以将氢与天然气分离后得到纯氢单独使用。

与车载输送和船载输送方式相比，利用管道输送掺氢天然气可充分利用我国现有在役天然气管道和城市输配气管网，管道或管网的改造成本低，容易实现氢气大规模、长距离输送。掺氢天然气的应用能有效降低用户端的碳排放。在当前氢气储运基础设施不完

图 5-6　天然气掺氢管道

善、氢能输运网络尚未形成的大背景下，将氢气掺入已有天然气管道进行输送，是一种可再生能源制氢大规模、长距离、安全高效输送和应用的有效方式。

六十三、天然气掺氢的关键技术和设备是什么？

天然气掺氢技术主要涉及管材相容性、终端氢气分离技术和掺氢燃烧技术。

1. 管材相容性

天然气掺氢后，管道本体、焊缝、配件、压缩机等均暴露在高压富氢环境中，除常规天然气管道面临的土壤腐蚀、应力腐蚀和酸性气体腐蚀外，由于氢含量显著增加，局部氢浓度饱和会引起材料塑性下降，诱发裂纹或产生滞后断裂，发生氢脆。同时，氢与管线钢中的碳会通过反应生成甲烷，造成钢脱碳和产生微裂纹，导致钢的力学性能不可逆地劣化，发生氢腐蚀。为保证掺氢天然气管道的安全性，需开展高压富氢环境中掺氢天然气与管材的相容性研究。掺氢天然气管道相容性研究的关键是针对管道的当前状态，确定材料典型力学性能与掺氢比、输送压力等之间的相互影响关系，分析不同掺氢比条件下管材能否适应，或是否需要采取措施。

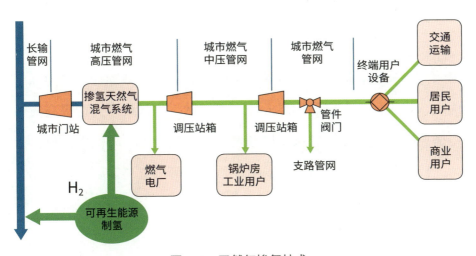

图 5-7　天然气掺氢技术

2. 终端氢气分离技术

输送至终端的掺氢天然气可将其中的氢气分离后使用，但是整体经济性有待提升。常用的氢气分离方法有吸附、膜分离、变压吸附和电化学氢分离等，变压吸附和膜分离是应用最为广泛的两种方法，如炼厂副产氢提纯多采用变压吸附方式。国内由于掺氢输送技术处于起步阶段，掺氢比例低，氢气分离成本较高，尚无掺氢输送后再分离使用的示范项目。

3. 掺氢燃烧技术

掺氢天然气可直接供终端用户使用，涉及的问题主要有燃具适用性、气体热值降低等。随着掺氢比的增加，燃料热值下降，燃具热负荷下降，燃气的火焰传播速度急剧增大，燃具发生回火的风险增大。由于各地区天然气的组分不一、燃气互换性的判定方法多样，所以测算的掺氢比例上限尚未有统一的定论。

掺氢天然气也可直接用于天然气内燃机和工业燃气轮机。氢气与天然气相比，具有火焰传播速率快、点火能量低和稀燃能力强等优点，将氢气按一定比例混入传统的天然气内燃机中，可提高火焰传播速率和稀燃能力，从而提升发动机的热效率，降低碳排放。但是，掺氢后燃料热值降低、安全风险增大等因素还需要深入研究。

天然气掺氢技术中的关键设备包括三类，分别是混气系统、管道和终端设备：

（1）掺氢天然气混气系统，主要包括混气装置、氢气储存罐等；

（2）掺氢天然气管道，主要包括管材、仪表、阀门等；

（3）掺氢天然气适用的终端设备，主要包括民用燃具、工业锅炉、燃气内燃机和燃气轮机等。

图 5-8　掺氢天然气灶具

六十四、未来氢气输运的发展方向是什么？

从技术成熟度来看，高压车载气态运氢最成熟，成本最低，因此长管拖车是我国现阶段主要应用的运氢方式，但高压气态车载运氢难以满足大规模、长距离的运氢需求。液氢储运的储氢质量和储氢密度较高，但关键技术被国外垄断，且液氢运输的设备要求高、成本高，国内在民用、商业领域应用较少。纯氢管道尚未大范围普及，管道输运大多利用已有的天然气管道，向管道中掺入氢气，实现氢气运输，处于示范初期阶段。

从运氢成本来看，管道输运成本具有明显优势，但管道输运前期投资建设成本较高，在氢能及燃料电池汽车产业成熟之前有较大风险，其输运成本受运能利用率影响，运能利用率越高越经济；气氢拖车在 200km 以内运输具有成本优势；液氢在中远距离运输中占优。

从未来发展方向来看，气氢拖车输运具有成本低、充放氢快速的优点，比较适合当前氢能产业的发展规模。但随着氢能产业的发展和液氢输运、管道输氢技术的提升，在大规模输氢领域，气氢拖车输运将被逐步取代，更多作为短距离运输方式。国外已广泛采用液氢罐车输运，若我国未来能解决液氢技术自主化问题，液氢罐车在中远距离的输氢将有较大前景。而随着氢能产业规模的进一步扩大，在未来长距离、大规模的氢气输运中，管道输氢有望成为最优的氢能输运方式。

第六章

氢能应用

六十五、什么是燃料电池？

燃料电池是一种通过燃料与氧化剂的电化学反应，将燃料中的化学能直接转化成电能的装置。通常来说，燃料发电大多采用热机的原理，通过燃料燃烧获得热能，利用水等介质将热能转化为机械能，最终机械能驱动发电机产生电能。而燃料电池不需要以上过程，可以在不涉及任何运动部件的情况下，通过单个步骤即可产生电能。

燃料电池与电池在某些方面具有相似性，都具有电解质、正极和负极，通过电化学反应来产生直流电。但与电池不同的是，燃料电池需要持续供应燃料和氧化剂，同时，燃料电池的电极在反应中不会发生化学变化。燃料电池最常见的反应物是氢和氧，但也可以以其他反应物替代。即使是氢燃料电池也有多种类型和结构，不同类型的燃料电池在阴、阳极上发生的反应有所不同，但总的反应是相同的，即

$$H_2 + \frac{1}{2} O_2 \longrightarrow H_2O$$

燃料电池相对于传统的发电手段有着独特优势。首先，燃料电池原理与热机不同，不受卡诺效率的限制。燃料电池电效率可达40%~60%，远远高于普通热机转化效率。其次，燃料电池不产生

污染物，是一种非常清洁的能源使用方式。最后，燃料电池没有转动部件，安全可靠，没有噪声。

燃料电池诞生于 19 世纪。早在 1838 年，德国化学家克里斯·尚班（Christian F. Shoenbein）首次观测到了燃料电池效应。但一般来说，公认英国科学家威廉·格罗夫（William Grove）是燃料电池的发明人。1839 年，格罗夫将两根铂电极的一端浸泡在硫酸溶液中，电极另一端分别放置在氢气和氧气中，在实验中观测到了电流通过及水的生成。1893 年，诺贝尔奖获得者奥斯瓦尔德（W. F. Ostwald）对于燃料电池的工作原理进行了理论解释，预言燃料电池可以突破卡诺效率的限制且不产生任何污染，将会产生巨大的技术革命。从格罗夫发明燃料电池到形成实际应用的燃料电池装置经历了 100 多年。1952 年，英国工程师 Francis T. Bacon 完成了 5kW 的氢－空气燃料电池装置的组装和测试评估。20 世纪 60 年代，美国航空航天管理局（NASA）在阿波罗计划中使用了燃料电池，将其作为飞船上用于生命保障、导引和通信的电源，这标志着燃料电池首次得到实际应用。1993 年，巴拉德动力首次展示了以燃料电池为动力的公共汽车，此后，燃料电池汽车得到了迅速发展。丰田、现代等汽车公司推出的燃料电池汽车批量投入市场，已有超过 3 万辆的燃料电池汽车在运行。燃料电池在固定式发电、潜艇、无人机、备用电源等领域也得到了广泛的应用。

六十六、燃料电池有哪些类型？

按照电解质不同，主要的燃料电池类型包括质子交换膜燃料电池（PEMFC）、固体氧化物燃料电池（SOFC）、熔融碳酸盐燃料电池（MCFC）、碱性燃料电池（AFC）和磷酸燃料电池（PAFC）。

表 6-1　主要燃料电池技术特点对比

类型	简述	优点	缺点	适用场景
质子交换膜燃料电池 PEMFC	电解质：质子交换膜 催化剂：铂系贵金属 工作温度：常温至90℃	转化效率较高，达50%~60%；功率可调节性强；启动迅速；无噪声，无污染；技术成熟、成本较低	需要高纯度氢气	交通、移动设备、固定式发电、热电联供
固体氧化物燃料电池 SOFC	电解质：氧化钇或氧化钙 工作温度：600~1000℃	转化效率高，达60%；热电联供效率高；对燃料纯度要求低	结构复杂，维护困难，造价高；功率可调节性差；大功率电池技术尚不成熟	示范电堆项目及热电联供系统，千瓦级至兆瓦级
熔融碳酸盐燃料电池 MCFC	电解质：碳酸钠 工作温度：650℃	转换效率高，达60%	运行维护难度高；占地空间大，建造成本高；启动慢	中型或大型热电联供系统，兆瓦级
碱性燃料电池 AFC	电解质：$KOH-H_2O$ 工作温度：80℃	转换效率高，达70%；启动快	纯氧作氧化剂，成本非常高	航天
磷酸燃料电池 PAFC	电解质：液体磷酸 催化剂：铂金属 工作温度：150℃	技术较成熟，已有商业化推广	成本高；输出稳定性差；转化效率低，为40%	200kW 家用热电联供系统

质子交换膜燃料电池技术成熟，已经广泛应用于交通、电源等领域，是应用最广泛的燃料电池类型。磷酸燃料电池技术相对成熟，已经有了一定程度的商业化应用，但存在着成本较高、转换效率低的缺点，且只能应用于固定式发电场景。固体氧化物燃料电池

及熔融碳酸盐燃料电池为高温型燃料电池，转换效率较高，但运行温度在600℃以上，启动较慢，需要耐高温材料维持系统运行，成本较高，系统维护难度较大。固体氧化物燃料电池已初步突破关键技术，小型产品已实现了商品化，但成本仍然较高。熔融碳酸盐燃料电池已开展兆瓦级示范应用，但由于存在高温条件下的腐蚀问题，技术仍未完全成熟。碱性燃料电池成本非常高，仅用于航天领域。

六十七、固体氧化物燃料电池的工作原理和结构是什么？

固体氧化物燃料电池（Solid Oxide Fuel Cell，SOFC）以固体氧化物为电解质，利用高温下固体氧化物中的氧离子（O^{2-}）进行导电。SOFC 单电池由固体氧化物电解质和阳极、阴极组成，其电

图 6-1　SOFC 实物示意

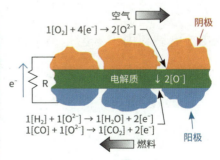

图 6-2　SOFC 原理示意

极也由氧化物材料构成。

SOFC 的工作原理为：在阴极一侧持续通入氧气或空气，具有多孔结构的阴极表面吸附氧，由于阴极本身的催化作用，使得 O_2 得到电子变为 O^{2-}，在化学势的作用下，O^{2-} 进入固体氧化物电解质中，透过氧化物电解质材料，最终到达固体电解质与阳极的界面；而在 SOFC 的阳极一侧持续通入燃料气（H_2、CO、CH_4 等），具有催化作用的阳极表面吸附燃料气体，并通过阳极的多孔结构扩散到阳极与电解质的界面，与 O^{2-} 发生反应，失去的电子通过外电路回到阴极，形成电流。两个电极的反应原理如下所示：

阴极反应：$\frac{1}{2} O_2 + 2e^- \longrightarrow O^{2-}$

阳极反应：$H_2 + O^{2-} \longrightarrow H_2O + 2e^-$

总反应：$H_2 + \frac{1}{2} O_2 \longrightarrow H_2O$

SOFC 是一种高温燃料电池，运行温度在 600~1000℃。由于运行温度高，SOFC 具有快速的电极动力学，效率较高。SOFC 可以采用包括甲烷和一氧化碳的多种燃料，不限于氢气，对于燃料杂质有着很强的耐受性。此外，由于温度高，SOFC 产生的热量品位高，更易利用，无论是与蒸汽机联用还是进行热电联供，都具有很高的综合利用效率，其综合效率在各种燃料电池中是最高的。

SOFC 相当于固态氧化物电解池（SOEC）的逆过程装置，其结构及所用材料与固态氧化物电解池相似，由两个多孔电极与电解质结合成三明治结构。最广泛使用的电解质是 YSZ（氧化钇稳定氧化锆），其他还有 ScSZ（氧化钪稳定氧化锆）、CeO$_2$（氧化铈）基电解质、镓酸镧基电解质（LSGM）等材料。氢电极目前多用 YSZ-Ni 金属陶瓷材料，氧电极应用最多的材料是 LSM（锶掺杂的镓酸镧）和 YSZ 的复合材料。多个单电解池组成电解槽还需要密封材料和连接材料。由于 SOFC 工作温度很高，在密封方面具有非常高的难度，密封问题被认为是先进 SOFC 发展面临的最大挑战之一。由于密封的问题，SOFC 形成了管型这种不同于其他所有类型燃料电池的特有结构。管型 SOFC 的密封面避开了高温区，因此密封较为简单，但造成了功率密度低、欧姆损耗大、成本高的问题。平板型 SOFC 拥有更好的性能和更低的成本，但密封、抗热循环等问题还存在很大的挑战。SOFC 已有实际的示范应用项目，在国外已经进入商业化应用初期。在未来仍需要解决高温密封、抗热循环等技术问题，并大幅降低成本，才能实现大规模的商业化应用。

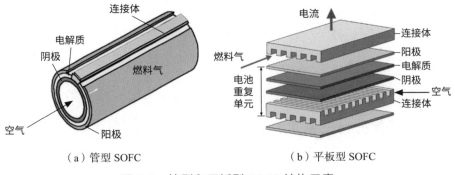

（a）管型 SOFC　　（b）平板型 SOFC

图 6-3　管型和平板型 SOFC 结构示意

六十八、质子交换膜燃料电池的工作原理和结构是什么？

质子交换膜燃料电池（PEMFC）是一种直接将化学能转化为电能的电化学装置，由多片单电池串联而成。在单电池中，质子交换膜将燃料电池内部分为阳极和阴极两个区域，其作用为传导质子、阻止电子和反应气体通过。氢气通过双极板和气体扩散层（GDL）流向阳极，在阳极催化剂的作用下分解为质子和电子。电子通过气体扩散层、极板、集流板等传递至另一侧的阴极之前，会先输出电流，为设备提供电能。与此同时，质子穿过质子交换膜到达阴极，空气中的氧气通过膜电极（MEA）中的 GDL 到达阴极。在阴极催化剂的活性位点上，质子与氧气及电子反应生产水。质子交换膜燃料电池的反应原理如下所示：

阴极反应：$\frac{1}{2}O_2 + 2H^+ + 2e^- \longrightarrow H_2O$

阳极反应：$H_2 \longrightarrow 2H^+ + 2e^-$

总反应：$H_2 + \frac{1}{2}O_2 \longrightarrow H_2O$

多个单体电池相互串联，在外侧装配集流板、绝缘板和端板，通过紧固件进行压装并加装巡检器等配件后，便组成了 PEMFC 电堆。

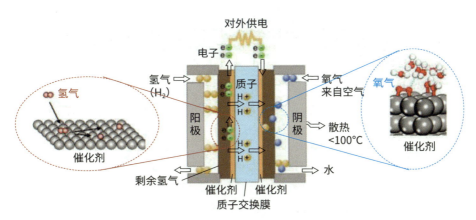

图 6-4　质子交换膜燃料电池工作原理示意

PEMFC 单电池的主要结构包括质子交换膜、催化层、气体扩散层、双极板。燃料电池电堆由多节单电池构成，此外还包括集流板、绝缘板、端板、外壳、装配件和传感器等配件。

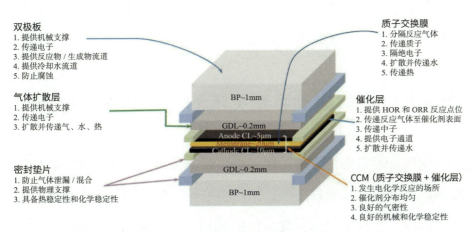

图 6-5　质子交换膜燃料电池结构示意

表 6-2 质子交换膜燃料电池各部件功能

组件	功能
质子交换膜	传递质子和水；阻止阳极和阴极的气体交换及电子通过
催化层（阳极）	降低阳极氧化反应的能级，加快反应速率
催化层（阴极）	降低阴极还原反应的能级，加快反应速率
气体扩散层	传递阴、阳极反应气体，使之分布均匀；传导反应产生的水和电子；为双极板提供支撑力，形成流道结构；有时也作为催化剂的载体
密封垫片	在双极板和膜电极之间提供密封，防止反应气体外漏
双极板	传导电子；为氢气、空气及冷却水提供流道
集流板	在电池的末端收集和传导电子
绝缘板	将电池的高压部位与外壳隔绝，提供必要的绝缘电阻
端板	为电堆提供紧固力，确保电池内部力场的均匀性
装配件	螺栓、螺母等，为电池提供紧固力，使各组件不松动
外壳	保证电池防水、防尘及电磁兼容要求；为电池组提供必要支撑；为电源分配单元等设备提供安装位置
电压巡检模块	监测各电池的单片电压
传感器	监测电堆内氢浓度、电池内温度压力等关键指标

六十九、燃料电池系统关键的工作条件有哪些？

要保证燃料电池正常工作，必须提供合适的工作条件。燃料电池系统关键的工作条件主要包括燃料电池工作压力、工作温度、反应气体流量和反应气体湿度。BOP 系统（Balance of Plant，辅助系统）的主要作用就是保证这些关键工作条件处于合适的范围。

工作压力对于燃料电池性能具有重要影响，压力越高，相同电流下电池单片电压越高，电池性能越好。同时，压力高时，气体体积流量减小，配套管道管径更小，系统更紧凑。但高压对于电堆的耐压能力提出了更高要求，对于空压机的要求更高，空压机能耗更大。因此，燃料电池系统需要根据各种因素选择合适的工作压力。

工作温度也是影响燃料电池性能的重要因素。温度越高，电池电压损耗越小，电池性能越好。温度较高时，生成的水更容易排出，不易发生水淹现象，水管理更容易控制。但受限于质子膜的温度耐受程度，PEM 燃料电池的工作温度不能超过 90℃。可以超过 100℃ 的高温 PEM 燃料电池已在研发，但尚需成熟的高温质子交换膜技术。

反应气体流量尤其是空气流量对燃料电池性能有显著影响。气体流量越高，电压浓差极化损失就越小，同时高流量可以减轻水淹现象，有效提高燃料电池性能。然而更大的气体流量需要更大的空压机和氢泵能耗，对于空压机和氢泵的规格要求也更高。同时，高流量容易引发膜干现象，因此技术水平较高的电堆均追求在较低的反应气体流量下获得较高的性能。

反应气体湿度的主要作用是调节质子交换膜的湿润状态。反应气体湿度过低，可能会造成质子膜过于干燥导致性能下降；而反应气体湿度过高，则可能产生水淹现象，阻碍反应气体到达膜电极表面，从而造成性能降低。因此，合适的反应气体湿度有助于电堆性能和寿命的提升。大部分企业采用膜加湿器来控制反应气体湿度，但膜加湿器带来了额外的成本，并会增加系统体积。因此，丰田等国际领先企业通过提升膜湿度耐受范围、优化控制策略等技术手段，已经实现了自加湿，取消了膜加湿器。

七十、燃料电池辅助系统的主要结构是什么？

燃料电池动力系统由电堆和辅助系统（BOP）构成。BOP系统可以对电堆内电化学反应的反应物压力、流量、温湿度环境和电压电流进行精确控制，使得燃料电池电堆稳定工作于一系列预设工作点，从而保证燃料电池按照需求输出功率。此外，燃料BOP设备也可通过特殊的控制逻辑，实现加热、吹扫、故障报警等操作，以满足低温启动、故障处理等特殊要求，从而达到提升燃料电池适用性和使用寿命的目的。

图 6-6　燃料电池系统实物示意

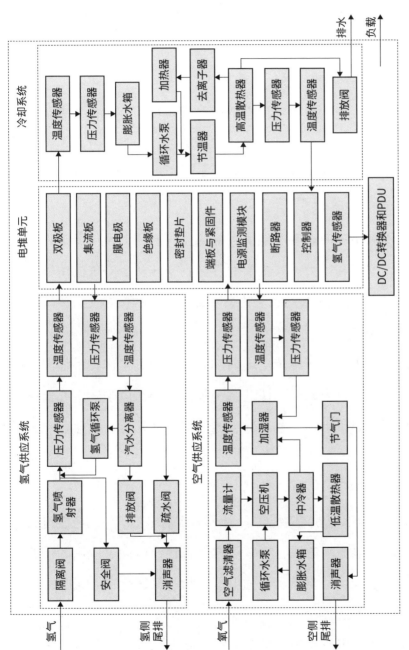

图 6-7 燃料电池系统结构示意

BOP 系统按结构可分为五个子系统：氢气供应系统、空气供应系统、冷却系统、强电系统和控制系统。

1. 氢气供应系统

氢气供应系统为电堆提供合适的氢气供应，并提供必要的氢气循环装置，以提高氢气的利用率。其主要部件包括氢气喷射器、阀门组件、温压传感器、汽水分离器、氢气循环泵（引射器）等。

2. 空气供应系统

空气供应系统向燃料电池阴极提供空气，同时可以调节入堆气体的温度、湿度和压力。其主要部件包括空压机、空气滤清器、流量计、中冷器、加湿器、阀门组件、温压传感器、排气组件等。

3. 冷却系统

冷却系统主要用于维持电堆内部温度，使其工作在最佳温度区间，同时排除管路内离子，保证系统较高的绝缘电阻。主要部件包括循环水泵、膨胀水箱、节温器、传感器、散热器、加热器和去离子器等。

4. 强电系统

强电系统主要功能是根据内 / 外部需求对电堆产生的电能进行分配，同时调节电流、电压、频率等电气特性，以满足应用的需要。主要部件包括 DC/DC 转换器、强电接口和电源分配单元（PDU）等。

5. 控制系统

控制系统的主要作用是采集处理传感器信息、控制各关键节点以维持系统的稳定，同时对故障、报警信息进行处置。主要部件包括各类传感器、响应器和燃料电池控制器（FCU）等。

七十一、燃料电池"八大件"是什么？

氢能装备中有八项"卡脖子"技术被认为是限制整个氢能行业的关键技术。2020 年，国家发布的《关于开展燃料电池汽车示范应用的通知》中，明确提出了对在催化剂、气体扩散层、质子交换膜、膜电极、双极板、电堆及空压机、氢循环系统领域取得突破并实现产业化的企业进行奖励。这八种关键材料部件就是业内所称的"八大件"。

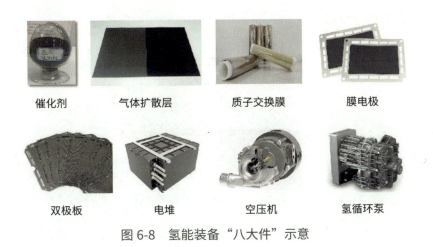

| 催化剂 | 气体扩散层 | 质子交换膜 | 膜电极 |

| 双极板 | 电堆 | 空压机 | 氢循环泵 |

图 6-8 氢能装备"八大件"示意

其中，催化剂、气体扩散层、质子交换膜是组成膜电极的关键材料；膜电极和双极板是构成电堆的关键部件；燃料电池电堆是输出电力的核心装备；空压机和氢循环系统则是燃料电池辅助系统中技术含量最高的两个关键设备。

七十二、膜电极的结构和制备方法是什么？

膜电极是燃料电池中氢气和氧气发生电化学反应的场所，对于燃料电池的整体性能起到决定性作用，是燃料电池最核心的部件。膜电极主要由催化层、质子交换膜、气体扩散层及密封边框等材料构成。对于膜电极的要求主要包括高功率密度、低铂载量、高耐久性及较好的一致性。

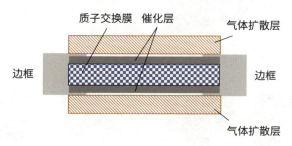

图 6-9　七合一膜电极结构示意

膜电极一般是一个七合一的结构。最中间是质子交换膜，质子交换膜两侧分别是阳极催化层和阴极催化层，通过边框将质子交换膜和催化层组合成为五合一组件，最后在两侧热压贴上气体扩散层形成七合一组件，也就形成了最终完整的膜电极组件。

　　膜电极制备方法的发展前后经历了三代大的革新，分别为 GDE 法制备膜电极、CCM 法制备膜电极及有序化膜电极。在产业上，燃料电池膜电极的制备工艺重点集中在 GDE 法制备膜电极和 CCM 法制备膜电极，前者是将催化剂涂在气体扩散层上，再用热压法将气体扩散电极和质子交换膜结合在一起；后者则是将催化剂涂覆在质子交换膜两侧，再通过热压法将气体扩散层和附着催化层的质子交换膜结合在一起。相比于 GDE 法制备膜电极，CCM 法制备膜电极除了有较高的催化剂利用率外，还可以有效减小接触电阻和电荷转移造成的极化，提升了电池性能。有序化膜电极是第三代膜电极制备技术。膜电极的有序结构对于燃料电池运行过程中电子、质子、气体和水的传输非常有利，可以有效降低传质阻力、增加电池催化活性、降低 Pt 载量，还能提高膜电极的耐久性。然而，有序化膜电极技术还不够成熟，处于实验室研发阶段，与商业化还有一定距离。

　　CCM 法制备膜电极是世界上主流的膜电极制备工艺，主要的生产工艺包括 CCM 组件制备、气体扩散层制备和七合一膜电极集成。CCM 组件制备是将催化剂均匀涂布到质子交换膜上，具体涂布方法包括转印法、喷涂法、挤出涂布法、卷对卷直接涂布法等。在国际燃料电池市场上，CCM 组件制备多采用卷对卷直接涂布方式。气体扩散层制备是通过喷涂或刮涂的方法将 MPL 层油墨涂布在碳纸上，最终烧结而成。其主要技术难点在于构造合理的孔隙结构和亲疏水孔的分布、实现高效的排水导气性能、延长气体扩散层的使用寿命等方面。七合一膜电极集成过程是将阴阳极密封边框分别贴合在 CCM 两侧，获得五合一膜电极，再将阴阳极气体扩散层（GDL）分别贴合在其两侧，经气密检测和阻抗检测后获得膜电极成品。

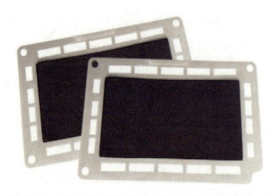

图 6-10　膜电极产品实物（国家电投氢能产品）

国际燃料电池膜电极领先企业主要包括 3M、杜邦、戈尔、庄信万丰（JM）、Toray（Greenerity）、巴拉德等。随着燃料电池的迅猛发展，我国燃料电池膜电极技术的自主化和产业化也在快速发展，国家电投氢能、武汉理工新能源、鸿基创能、唐锋能源、擎动科技等企业已经掌握了膜电极的自主化生产技术，具备了一定规模的生产能力，推出了市场化产品。国产膜电极产品与国际先进水平相比已经相差不大，并且差距在逐渐缩小。但在关键材料自主化和量产规模方面，国产膜电极与国际膜电极还有一定差距。

七十三、PEM 燃料电池催化剂有什么技术要求?

在氢燃料电池中，氢气和空气分别通入氢燃料电池的阳极和阴极，发生电化学反应产生电流。氢在阳极上失去电子发生氧化反应（hydrogen oxidation reaction，HOR），而空气中的氧则在阴极催化剂作用下得电子发生还原反应（oxygen reduction reaction，ORR）。具体反应如下：

阴极反应：$\frac{1}{2}O_2 + 2H^+ + 2e^- \longrightarrow H_2O$

阳极反应：$H_2 \longrightarrow 2H^+ + 2e^-$

燃料电池催化剂是促进燃料电池氢氧化（HOR）和氧还原（ORR）电化学反应的核心材料。PEM 燃料电池催化剂可分为 3 类，即铂催化剂、铂改性催化剂（包括其他金属，如 Cr、Cu、Co 或 Ru）和非铂基催化剂。迄今为止，PEM 燃料电池应用的仍是铂基催化剂，非铂基催化剂的活性和稳定性相较于铂基催化剂均较差，主要停留在实验室研究阶段。目前，PEM 燃料电池商用催化剂主要由纳米级（2~5nm）的铂（Pt）或铂合金颗粒和支撑这些颗粒的高导电碳载体组成，主要性能要求是高催化活性、高纳米活性粒子分散性、高稳定性和高耐久性能。衡量催化剂技术水平的关键性能指标主要包括电化学活性面积（ECSA）、质量比活性（MA）、Pt 金属含量、杂质含量、耐久性指标等。

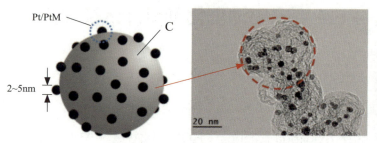

图 6-11   PEM 燃料电池催化剂示意

催化剂的原材料主要包括铂前驱体和碳载体材料，技术难点主要在于催化剂的结构设计、配方、工艺及载体选型、处理等工艺方面。减少铂用量，提高铂的催化和稳定性能，延缓催化剂功能衰减一直是催化剂应用研究与发展的重要攻关方向。如本田 FCV Clarity 燃料电池催化剂 Pt 载量已经降至 0.12g/kW，丰田 Mirai 二代燃料电池催化剂 Pt 载量为 0.175g/kW。

国外 PEM 燃料电池催化剂主要生产商为美国的 3M、Gore 和 E-TEK，英国的庄信万丰（JM），德国的 BASF，日本的田中贵金属（TKK），比利时的优美科（Umicore）等。国外企业占据了国内主要市场份额，据估计，日本田中贵金属与英国庄信万丰占中国催化剂市场总销售份额的 60%~70%。通过自主研发，国内 PEM 燃料电池催化剂产业已经初具规模，其中国家电投氢能、擎动科技、济平新能源等企业已形成自主化产品，并已在批量化的燃料电池产品上获得应用。

七十四、燃料电池质子交换膜的作用和技术要求是什么？

质子交换膜在燃料电池中起到传导质子、隔绝电子和隔离氢氧气体等主要作用，是整个燃料电池的基础核心材料，对燃料电池的性能及寿命有决定性影响。质子交换膜有以下技术要求：①良好的质子电导率，可以降低电池内阻，提高电流密度；②水分子在膜中的电渗透作用小；③氢气和氧气在膜中的渗透率低；④水稳定性、氧化稳定性和化学稳定性好；⑤干湿转换性能好，尺寸变化率低；⑥机械强度好；⑦可加工性好，价格适当。

图 6-12　燃料电池质子交换膜示意

从组成结构而言，质子交换膜可分为均质膜和增强型膜（复合膜）。均质膜根据含氟量又可分为全氟磺酸质子交换膜、部分氟化质子交换膜和非氟质子交换膜三大类。目前市场上的主流是全氟磺酸质子交换膜，在高湿度条件下质子电导率高，但在低温和低湿度情况下其质子电导率较低。增强型膜（复合膜）是指以磺酸树脂和多孔聚四氟乙烯薄膜为原料进行制备获得的质子交换膜，其优点在于：①干湿态的机械稳定性和尺寸稳定性好；②厚度更薄，有利于改善复合膜的水分传递与分布，增加膜的质子电导率；③可减少全氟树脂的用量，大幅降低膜的成本。

由于质子交换膜制备工艺复杂，技术要求高，美国戈尔、美国科慕及日本旭硝子公司等美国和日本少数厂家长期垄断了质子交换膜市场，关键技术及原料供应上均具有绝对优势。美国戈尔（Gore）实力最强，其 GORE-SELECT®Membranes 系列增强型质子交换膜以其产品一致性高、性能优异及寿命长的优势，已被国内外各大燃料电池生产商所广泛采用，在市场占有率上有着垄断之势。

全氟磺酸质子交换膜是商业化应用的最优选择，未来质子交换膜的材料、改性、无氟、无加湿技术将不断突破，质子交换膜的成本也随着市场规模的不断扩大和技术的不断提升而逐渐降低。如何在提升性能的同时降低成本是未来的重点研究方向。

七十五、为什么说碳纸是 PEM 燃料电池最关键的材料之一？

质子交换膜燃料电池的膜电极主要由质子交换膜、电催化剂和气体扩散层组合而成。气体扩散层起着支撑催化层、稳定电极结构的作用，还为电极反应提供气体通道、电子通道和排水通道。气体扩散层通常由基底层和微孔层组成，基底层通常为碳纤维纸和碳纤维布，其中高性能碳纤维纸是最常用的气体扩散层基底材料。在碳纸基础上制备气体扩散层的技术和工艺已经比较成熟，国内企业普遍具备了相关能力，而高性能的碳纸基本被国外垄断，已成为制约国内氢燃料电池发展的重要瓶颈。因此，碳纸是燃料电池最关键的材料之一。

碳纸主要作用包括均匀扩散气体、快速排出水分、导出电子、支撑电极结构等，很大程度上决定了燃料电池整体的性能和耐久性。碳纸应具有气体扩散性能好、电阻率低、结构致密且表面平整、机械强度高、疏水性高、化学稳定性和热稳定性高等特点。这些要求使得碳纸制造过程具有很高的技术门槛。

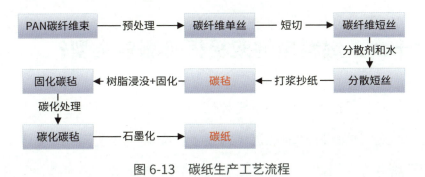

图 6-13　碳纸生产工艺流程

碳纸的生产过程较长，主要分为两个阶段：原材料碳纤维经过预处理、加入分散剂和水，通过打浆抄纸工艺可以制得碳纸的前驱体碳毡；碳毡随后需要进行酚醛树脂浸渍和磨压固化处理，进行碳化和石墨化处理后得到碳纸。

国际上知名的碳纸生产商包括日本东丽、美国 AVCarb、德国科德宝、德国 SGL、韩国 JNTG、加拿大 Ballard 等。碳纸生产过程的重要前驱体碳毡的主要技术掌握在东丽、三菱丽阳、SGL 和 Freudenberg、AVCarb 等少数国外厂家手中。上述厂家的产品在性能和产量方面优于国内厂家，尤其在厚度、面密度、透气性、电阻率、机械强度和一致性等关键指标上有着较大优势。

优化关键工艺条件，实现关键性能的提升与稳定，开发高性能、低成本碳纸的批量化制备技术是碳纸的发展趋势。我国未来应集中力量开展自主碳纸研发和量产工作，并推动自主碳纤维和碳毡的产业化发展。

七十六、燃料电池双极板有哪些类型？

双极板是燃料电池的重要部件之一，主要作用为支撑膜电极、提供反应气体和冷却液的流体通道、分隔氢气和氧气、收集电子、传导热量等。因此，双极板需要有较高的电导率、热导率、耐蚀性和结构强度，以及较低的气体渗透率和热膨胀系数。

双极板按照材质主要分为石墨双极板、金属（钛合金、不锈钢、铝合金等）双极板和复合材料双极板三类。

（a）石墨双极板

（b）金属双极板

（c）复合材料双极板

图 6-14　三种类型双极板示意

石墨双极板的优点在于高耐蚀性和稳定性，同时制造工艺较为成熟，但存在机械性能差、体积大和生产效率较低等缺点。金属双极板导热性、导电性、机械性能优越，体积小、重量轻，且制造容易，适合工业化批量生产。但传统的不锈钢金属双极板表面易腐蚀，易产生离子溶出毒害质子膜和催化剂。钛材双极板虽然材料成本稍高，但由于耐蚀性好、不易毒害其他材料等优点得到行业的高度关注。由于钛材料塑性差、高温特性活泼等原因，批量稳定制造钛双极板具有较高技术难度。同时，为了提高双极板的耐腐蚀性，降低电阻，开发具有高耐腐蚀性、低界面接触电阻及低成本的金属双极板表面涂层技术也是行业的一个关键目标。复合材料双极板具有耐腐蚀、体积小、重量轻等优点，但其机械强度差、电导率低，难以大批量生产，且价格高昂。

在世界范围内，石墨双极板的生产规模最大，但金属双极板凭借其体积和生产成本优势已成为主要的发展方向，复合材料双极板则因为技术问题仍处于实验室研究验证阶段。

七十七、我国有哪些燃料电池关键材料需打破国外垄断？

我国燃料电池产业发展很快，已具备比较成熟的燃料电池电堆及系统集成技术。多家企业已具备燃料电池量产能力，并已开展规模化应用，推出的燃料电池产品性能指标已与国际先进水平接近。然而，尽管我国燃料电池产业近年来取得了很大进展，在关键材料部件方面仍存在"卡脖子"问题。燃料电池的关键材料中，催化剂、质子交换膜和碳纸进口依存度高，需要打破国外垄断。

在催化剂方面，日本田中贵金属（TKK）、英国庄信万丰（JM）等催化剂领域国外龙头企业占据了较大的市场优势，日本田中贵金属与英国庄信万丰占中国催化剂市场总销售份额达60%~70%。从催化剂的原料到关键技术方面，国内企业基本上已解决了"卡脖子"技术问题，自主产品的技术水平已逐步趋近国际先进水平，国产催化剂的替代进程已逐渐提速，多家企业自产自用，已开始实现国产催化剂在燃料电池车辆上的批量化应用，预计近年内即可打破国外企业的市场垄断。

在质子交换膜方面，美国戈尔、美国科慕及日本旭硝子公司等美国和日本少数厂家长期垄断了质子交换膜市场，关键技术及原料供应上均具有绝对优势。国产质子交换膜已基本解决了关键技术问题，但市场占有率还较低。在质子交换膜用原材料方面，短支链全氟磺酸树脂膜基本由国外企业垄断。因此，质子交换膜还需要重点攻关关键材料，提升量产技术，以尽快实现国产替代。

在碳纸方面，碳纸是"卡脖子"问题最严重的关键材料，进口碳纸及碳毡产品在市场占有率中具有绝对优势，占据了国内燃料电池碳纸的绝大多数市场份额。碳纸基材制备关键技术主要由日本东丽、日本三菱丽阳、德国 SGL 和 Freudenberg、美国 Avcarb 等公司掌握。国内自主碳纸的研发和生产正处于起步阶段，现已掌握制备碳毡和碳纸的技术，但尚无可量产的自主化碳毡产品，也没有专门为碳纸开发并量产的碳纤维产品。国产碳纸的性能与国际碳纸相比存在较大差距，还需要集中力量攻关，以打破国外垄断。

七十八、燃料电池辅助系统有哪些主要设备？自主化和国产化情况如何？

燃料电池发电系统是一套相对较为复杂的装置，由电堆和辅助系统（BOP）组成。辅助系统对电堆内反应气体的压力流量、温湿度环境和电力进行精确控制，主要设备包括空压机、氢气循环装置、加湿器、氢气喷射器、空气滤清器、汽水分离器、节气门、DC/DC 转换器、PDU、去离子器、循环水泵、散热风扇、传感器及管路接头等。以下对其中主要设备的作用及自主化情况进行介绍。

1. 空压机

空压机被誉为燃料电池之肺，是燃料电池系统最重要的设备之一。由于燃料电池应用的特殊要求，一般采用小型化的无油空压机，主要包括罗茨式、双螺杆式和离心式。离心式空压机由于结构紧凑、尺寸小、封闭性好、质量轻且振动小、在额定工况效率较高等优点，已经成为燃料电池发动机系统的主要选择。近年来，我国燃料电池空压机发展很快，已基本实现国产化。国内主要的生产商有势加透博、金士顿科技等。

图 6-15　空压机示意

2. 氢气循环装置

氢气循环装置是燃料电池的关键组成部件，发挥着提高燃料利用效率、提升电堆性能等作用。氢气循环装置主要是氢气引射器和氢气循环泵，大部分系统采用单独氢气循环泵或氢气引射器加氢气循环泵的技术方案。

从 2020 年开始，氢气循环泵的国产化加速，东德实业、雪人股份、艾尔航空、瑞驱电动和鸾鸟电气等国内企业已形成国产产品，此前一直在国内占据主导地位的德国普旭已基本退出国内市场。此外，国内厂家也开始积极布局氢气引射器相关产业，主要厂家有德燃动力、未势能源、浙江宏昇等。

| （a）氢气循环泵 | （b）氢气引射器 |

图 6-16　氢气循环装置示意

3. 氢气喷射器

氢气喷射器是控制氢气流量和压力的装置，一般采用 PWM 方波信号进行控制。一个氢气喷射装置往往是由多个喷射器并联后串联一个安全阀所构成的总成，已基本实现国产化和自主化。国内代表性厂家有浙江宏昇，国外产品的代表性厂家为爱三工业。

图 6-17　氢气喷射器示意

4. DC/DC 转换器

DC/DC 转换器和控制器将燃料电池产生的能量传递给 MCU（电机控制器）等，同时将燃料电池的输出同电机控制器的输入解耦，改变燃料电池输出特性，满足动力系统恒压源、动态响应等方面的要求，并有机分配燃料电池与锂电池之间的能量，达至最佳能效，同时对燃料电池电堆的状态进行监测及保护。国产的燃料电池 DC/DC 转换器已占据大部分的市场份额，且基本能满足各个功率范围的燃料电池系统需求，但芯片、电阻、电容等组件仍依赖进口。国内主要厂家包括福瑞电气、上海磐动、英威腾、北京动力源、欣锐科技、武汉力行远方、深圳创耀、深圳核达、武汉合康等。

图 6-18　DC/DC 转换器示意

5. 加湿器

由于实现自增湿的技术难度较大，大部分系统中加湿器仍是重要部件。由于技术门槛高和现阶段市场需求不大等因素，加湿器的国产化进程较慢。美国博纯、韩国科隆、德国科德宝等国外企业仍然占据较大的市场份额。国产厂家如伊腾迪、大洋电机、上海华熵等企业推出了商业化产品，并占据了一定的市场份额。

图 6-19　加湿器示意

其他如空气滤清器、管路阀门、汽水分离器、去离子器、循环水泵、散热风扇等 BOP 设备，均可在其他应用领域找到类似产品，且国内有大量的供应商可以提供较为成熟的产品，故在此不展开叙述。

七十九、燃料电池的应用场景有哪些？

燃料电池作为发电系统可以广泛应用于多个领域。燃料电池的应用场景主要包括交通运输、固定电源、备用电源和小型便携式电源四大类。

交通运输是燃料电池最主要的应用领域。燃料电池可以应用于各种车辆、无人机、船舶等。车辆方面，乘用车、大巴、公交车、卡车、叉车、工程机械等多用途车辆以及摩托车和自行车等小型车辆都可以采用燃料电池作为动力。由于燃料电池具有零碳无污染、续航长的特点，在大型重载车辆方面，燃料电池具有突出的优势。
此外，燃料电池具有红外信号低、噪声低、续航长等优点，使其在
军事车辆领域也具有应用前景。无人机方面，燃料电池由于其质量
能量密度高的特点，相比于动力电池无人机，在续航方面有着很大
优势，是未来绿色低碳无人机的最佳选择。船舶方面，船舶污染问

（a）燃料电池在交通领域的应用

（b）日本燃料电池分布式供能系统（Ene-farm）

图 6-20　燃料电池不同应用场景

题尤其是内河的污染问题已经越来越受到重视，氢燃料电池船舶由于绿色无污染、续航里程长、加氢速度快等优势，是未来很有潜力的发展方向。

燃料电池在固定电源领域的应用形式主要为固定式发电装置和热电联供分布式供能装置，可以用于调节电网波动性"电－氢－电"储能系统，也可以用于边远地区、岛屿等区域的热电联供。备用电源应用场景主要是为电信设备等关键设备提供紧急情况下的供电。小型便携式电源则是为便携设备提供电能的装置，主要应用场景包括便携计算机、通信传输设备、电动工具及军用单兵装备等。

八十、燃料电池的工作效率是多少？

燃料电池的工作效率是指燃料电池发出电力的能量与消耗氢气热值的比。燃料电池的效率由燃料电池电堆的效率和辅助系统（BOP 系统）的效率两部分组成。

氢气的热值分为低热值和高热值，燃料电池的效率也有高热值和低热值的区别。由于反应物水的冷凝热实际中是无法利用的，所以行业内通常采用的是低热值效率。各厂家标称的燃料电池效率均为低热值效率，对应的氢气热值约为 120MJ/kg。

　　燃料电池的效率可以用平均单片电压比上低热值热平衡电压（1.25V）来计算。根据燃料电池的 I–V 曲线，电压随电流增大而减小，功率随电流增大而逐渐增大，达到一个峰值后会逐渐下降。综合考虑效率和设备成本，车用燃料电池电堆产品普遍将单片额定电压设定为 0.6~0.7V，对应额定功率的效率是 48%~56%。当燃料电池输出功率较小时，由于平均单片电压较高，电堆效率相比额定功率的效率更高。例如根据美国阿贡国家实验室对丰田 Mirai 燃料电池汽车的测试，其电堆效率最高可达 66%。

　　除了燃料电池电堆的效率之外，BOP 系统也需要消耗一定能量，尤其是空压机会消耗较多的能量，因此计算燃料电池系统的效率需要考虑 BOP 系统效率问题。一般燃料电池 BOP 系统在额定工况下的效率为 75%~90%（如 Mirai 一代燃料电池汽车的 BOP 系统额定工况下效率约为 80%）。综合考虑，燃料电池系统额定功率情况下的效率为 40%~51%。在燃料电池系统整个工作范围内，当功率较小时，单片电压较高，同时空压机耗能较低，因此系统效率相比额定工况下的效率要高很多。在系统功率较小时，系统总效率最高可以达到 60% 以上。如根据美国阿贡国家实验室对丰田 Mirai 燃料电池汽车的测试，在市区内行驶等路况条件下系统需求功率较低，其系统效率可达到 50%~60%，最高可达 62% 以上。

八十一、质子交换膜燃料电池对氢气品质的要求是什么？

质子交换膜燃料电池对氢气品质的要求很高。氢气中的杂质会对燃料电池性能造成影响，其中的一氧化碳、硫化物对燃料电池催化剂有着明显的毒化作用，很低的杂质含量就会对燃料电池的性能和寿命造成严重影响。我国早期没有专门的针对质子交换膜燃料电池用氢品质的标准，普遍采用 GB/T 3634.2《氢气　第 2 部分：纯氢、高纯氢和超纯氢》。在实践中发现，GB/T 3634.2 对于一氧化碳要求偏低，对于硫化物等杂质没有明确要求，不能符合燃料电池用氢的要求。

国际上较早对氢气中杂质对于燃料电池的影响进行了研究，开展了标准制定工作，分别于 2011 年和 2012 年发布了 SAE J2719 和 ISO 14687-2 等氢气质量标准。我国于 2011 年开展质子交换膜燃料电池氢气品质的标准立项工作，在参考国际相关标准的基础上，制定了国家标准《质子交换膜燃料电池汽车用燃料　氢气》，标准编号为 GB/T 37244—2018。该标准已于 2018 年 12 月发布，2019 年 7 月实施。GB/T 37244—2018 对于一氧化碳、硫化物等杂质的要求很高，将总硫（以 H_2S 计）控制在 0.004μmol/mol 含量以下，这对于保证燃料电池用氢气的质量有着明显的效果，但同时对生产和检测技术也提出了很大的考验。

表 6-3　GB/T 37244—2018 对于氢气品质的要求

项目名称	指标
氢气纯度（摩尔分数）	99.97%
非氢气体总量	300μmol/mol
单类杂质的最大浓度	
水（H_2O）	5μmol/mol
总烃（以甲烷计）	2μmol/mol
氧（O_2）	5μmol/mol
氦（He）	300μmol/mol
总氮（N_2）和氩（Ar）	100μmol/mol
二氧化碳（CO_2）	2μmol/mol
一氧化碳（CO）	0.2μmol/mol
总硫（按 H_2S 计）	0.004μmol/mol
甲醛（HCHO）	0.01μmol/mol
甲酸（HCOOH）	0.2μmol/mol
氨（NH_3）	0.1μmol/mol
总卤化合物（按卤离子计）	0.05μmol/mol
最大颗粒物浓度	1mg/kg

八十二、国际上燃料电池产品的先进水平是什么？

在燃料电池技术方面，丰田 Mirai 系列处于国际领先水平。2020 年丰田发布了 Mirai 二代燃料电池产品，该产品使用金属双极板，无需外增湿，输出功率128kW，功率密度达5.4kW/L（不含端板），寿命实测超过5000h，可实现–30℃低温自启动，相比于Mirai 一代产品电堆体积缩小27%、铂金量减少58%、电堆成本缩减75%、系统成本缩减1/3，基本代表了国际上量产型燃料电池电堆产品的最高水平。巴拉德在石墨双极板燃料电池方面具备领先的技术实力，最新发布的FCgen-HPS电堆最大功率达140kW，功率密度为4.3kW/L。

表 6-4　国际代表性电堆产品主要参数

主要参数	丰田 Mirai 一代	丰田 Mirai 二代	现代 Nexo	巴拉德	爱尔铃克铃尔
电堆额定功率（kW）	114	128	95	140	150
体积功率密度（kW/L）	3.5	5.4	4.5	4.3	5.7
电堆耐久性（h）	5000	5000	20000	30000	—

注　功率密度不含端板。

　　国际先进水平的燃料电池在电堆功率、体积功率密度、低温性能等关键指标方面具有优势，部分企业产品已实现了自加湿。同时，这些先进产品成熟度高，已开展了批量化的应用，可靠性和耐久性较有保证，例如 Mirai 燃料电池汽车全球累计销量已超过13000 台，现代 Nexo 超过 14000 台，产品得到了较为充分的验证。

八十三、国际知名燃料电池企业有哪些？

国际上知名的燃料电池企业主要包括日本丰田、韩国现代、加拿大巴拉德（Ballard）、加拿大水吉能（Hydrogenics）、美国普拉格能源（Plug power），以及欧洲的 PowerCell、Intelligent energy 等。其中，日本丰田和韩国现代在车载 PEM 燃料电池领域处于世界领先地位，韩国现代的燃料电池汽车销量全球第一，日本丰田全球第二。加拿大巴拉德是最早开始燃料电池商业化的公司之一（1983 年），在燃料电池耐久性等技术指标方面处于世界领先地位，是石墨双极板 PEM 燃料电池的领军企业。Plug power 是全球最大的叉车用燃料电池供应商，在全球出售了超过 2 万台燃料电池叉车。Intelligent energy 是最早开始燃料电池空冷堆相关研究的企业，在空冷型燃料电池方面具有很强实力。

表 6-5　国际主要燃料电池企业

厂商名称	简介	代表产品
巴拉德 Ballard	纳斯达克上市公司，总部位于加拿大温哥华，是最早开始燃料电池商业化的公司之一（1983 年）。有着丰富的燃料电池工程实践和商业化案例，在燃料电池耐久性等技术指标方面处于世界领先地位。与国内企业合作密切，潍柴动力、国鸿氢能、大洋电机等技术均部分或全部源自该公司	（1）FCgen-HPS 电堆（140kW 水冷堆）；（2）FCgen-1020ACS 电堆（3kW 空冷堆）；（3）FCvelocity-HD 系统（100kW）
丰田 Toyota	20 世纪 90 年代开始燃料电池研究，拥有最多数量的燃料电池专利。2002 年就已经开始在日本、美国限量发售了氢燃料电池汽车"丰田 FCEV"。在车载 PEM 燃料电池领域处于世界领先地位，拥有从零部件（MEA、双极板、空压机）到电堆、系统再到整车（乘用车、大巴）的全产业链生产能力。与亿华通成立合资公司（华丰燃料电池有限公司），加快在我国的布局	Mirai 二代燃料电池系统（128kW）

续表

厂商名称	简介	代表产品
现代 Hyundai	在车载燃料电池领域有较强的技术实力，与丰田一样较早开始了燃料电池的研究。具备全产业链的技术及生产能力，电堆及核心零部件均由旗下子公司生产，已量产两款终端产品（NEXO 商用车和 Xcient 燃料电池重卡）。在广州成立氢燃料基地，生产燃料电池系统	NEXO 用燃料电池系统（95kW）
水吉能 Hydrogenics	成立于 1948 年，总部位于加拿大米索西加，是氢燃料电池和兆瓦级 PEM 制氢装置的解决方案的供应商。被康明斯（Cummins）和液化空气集团（Air liquide）联合收购	HyPM-LP2 燃料电池系统
普拉格能源 Plug power	成立于 1999 年，总部位于美国特拉华州，是全球较大的燃料电池系统集成商。在全球出售了超过 2 万台燃料电池叉车，于 2018 年收购美国燃料电池公司（AFC）获得 MEA 和电堆的生产技术	ProGen 燃料电池系统
Nedstack	成立于 1997 年，总部位于荷兰鹿特丹市，是欧洲最大的燃料电池生产商。在大型固定式质子交换膜发电系统方面具有技术优势，研发了全球首座 2MW PEM 燃料电池发电站。与国内东风汽车在燃料电池电堆方面有合作	（1）MT-FCPI-500 固定式发电系统； （2）The FCS 13-XX 燃料电池电堆
Intelligent energy	成立于 1988 年，总部位于英国，拥有超过 30 年的燃料电池开发经验。是最早开始燃料电池空冷堆相关研究工作的公司之一。2018 年推出 2.4kW 无人机用燃料电池系统，以及高功率（250kW）空冷堆模块	（1）IE-drive P100 燃料电池系统（100kW）； （2）IE-drive H70 燃料电池电堆（70kW）； （3）IE-FLIGHT 空冷堆模块（250kW）
Nuvera	成立于 2000 年，总部位于美国马萨诸塞州。业务范围包括燃料电池系统技术与产品研发、现场制氢和分配系统，以及为客户提供清洁能源解决方案。2018 年在杭州富阳开始建设工厂	E-60-HD 燃料电池系统（67kW）
PowerCell	成立于 2008 年，瑞典的燃料电池公司，由沃尔沃商用车公司资助成立。北欧最大的燃料电池供应商，是一家低温质子交换膜电堆开发、制造及零售商。得益于较为模块化的系统设计，产品的能量密度较高。产品主要应用于燃料电池叉车	（1）PowerCell S2 燃料电池电堆（35kW）； （2）PowerCell MS-30 燃料电池系统（30kW）
斗山 Doosan	韩国工程机械企业，2014 年通过收购 ClearEdge Power（燃料电池公司 UTC 联合技术的母公司）获得 PEM 燃料电池相关技术，其燃料电池公司位于美国。主要业务为固定式燃料电池发电装置，以及 10kW 以下便携式燃料电池发电装置。拥有全球最多的热电联供固定式发电撬装的安装数量	PureCell Model 400

八十四、国内知名燃料电池企业有哪些？

近年来我国燃料电池产业飞速发展，已发展形成了多家燃料电池企业，规模较大的有国家电投氢能、新源动力、上海捷氢、亿华通、重塑股份、国鸿氢能、清能股份、爱德曼等。我国已具备比较成熟的电堆集成技术，各企业推出了多款燃料电池产品，性能指标已与国际先进水平接近。多家企业已具备电堆量产能力，并已开展一定规模的示范应用。电堆的国产化和自主化程度也在稳步提升。

表6-6 国内主要燃料电池企业

厂商名称	简介	代表产品
国家电投氢能	国家电力投资集团子公司。拥有质子交换膜、催化剂、气体扩散层、双极板、MEA等关键材料部件的核心技术。已发布系列化燃料电池水冷电堆和空冷电堆及系统产品。具备燃料电池及关键材料部件的量产能力	（1）FC-ML80/110/150kW电堆； （2）FCS-65/80/120kW燃料电池系统
新源动力	成立于2001年，国内较早从事燃料电池研发的企业。主要产品包括燃料电池电堆、系统及测试台架	（1）HYSYS-100（95kW燃料电池系统）； （2）HYMOD-110（110kW燃料电池电堆）； （3）HYFTB燃料电池测试系统
亿华通	成立于2012年，科创板上市公司，主要产品为燃料电池系统，控制技术主要来自清华大学。旗下上海神力则生产电堆和测试系统，采用复合石墨板技术路线。与丰田成立华丰燃料电池有限公司	（1）120kW燃料电池系统； （2）SFC-HD120（127kW燃料电池电堆）； （3）SFC-PST300（燃料电池测试台架）
重塑股份	成立于2015年，主要产品为燃料电池系统和电堆，公告数仅次于亿华通。同时，与道氏科技成立合资公司，具有MEA生产能力	（1）镜星十一（110kW燃料电池系统）； （2）卡文四（46kW窄长型燃料电池电堆）

续表

厂商名称	简介	代表产品
国鸿氢能	成立于 2015 年，于 2016 年引进巴拉德 9SSL 电堆及双极板的全套生产线技术，具备燃料电池电堆、系统及 MEA 的生产能力。采用石墨板技术路线。公告数量排第三。与重塑股份合作密切，成立国鸿重塑合资公司	（1）鸿芯 G1（84kW 电堆）；（2）鸿途 G110（110kW 燃料电池系统）；（3）柔性石墨双极板
雄韬氢雄	由上市公司雄韬电源出资成立。控股武汉理工氢电科技有限公司（武汉理工新能源的母公司），MEA 和电堆技术均出自武汉理工。主要产品为 MEA 和燃料电池系统及石墨电堆产品	（1）VISH-130A 燃料电池系统（130kW）；（2）氢雄第二代电堆（75kW）；（3）MEA（武汉理工氢电科技生产）
清能股份	成立于 2003 年，属于国内较早开始从事燃料电池研发的企业。是国内燃料电池企业中国际化做得比较好的企业，参与了韩国蔚山 200kW 燃料电池固定式发电系统的开发，成立海外公司 HYZON Motors 从事燃料电池重型卡车的开发	（1）VLS II-150（150kW 电堆）；（2）VL II（120kW 燃料电池系统）；（3）VLS II 固定式发电系统
爱德曼	成立于 2016 年，燃料电池汽车公告数量第五。拥有双极板和 MEA 的制备技术，并完成了 6 代电堆的开发，以及金属双极板技术路线	128kW 燃料电池系统
弗尔赛	成立于 2009 年，完成了 200 辆世博会燃料电池汽车的配套。国内较早开始从事燃料电池及固定式发电系统的企业。与潍柴动力合作较为密切，后者为其股东	（1）MD04-60K（双堆模组，单堆 36kW）；（2）FCS-60kW-TP05（60kW 燃料电池发动机系统）
东方电气氢能	成立于 2018 年，为央企东方电气旗下子公司。主要用于配套成都中植一客，为成都燃料电池公交示范配套系统	100kW 商用冷热电联供发电系统
潍柴动力	2018 年入股巴拉德动力，获得 19.9% 的股份以及 LCS 燃料电池电堆的生产技术。并入股弗尔赛等企业，在燃料电池领域有较深布局	LCS 燃料电池电堆（70kW）
上海捷氢	成立于 2018 年，是上海汽车旗下公司。采用金属双极板技术路线，具备从双极板、MEA、电堆到系统集成的开发能力	（1）PROME M3X 电堆（140kW）；（2）PEOME P3X 燃料电池系统（117kW）

八十五、燃料电池电堆与系统的价格是什么范围？未来成本的预期是什么？

国际上，丰田 Mirai 二代的电堆的成本在 127 美元/kW 左右（约810 元/kW），如果系统年产量提高，成本可进一步下探。目前国内各电堆企业的电堆售价差距较大，售价区间为 1699~4500 元/kW。国内电堆的生产成本主要受制于质子膜、碳纸等关键材料，由于这些材料多采用进口产品，价格较高，限制了燃料电池成本的快速下降。

目前大部分国内电堆生产商的报价在 3000 元/kW 以上，部分企业以较低的定价吸引市场注意力。其中，国鸿氢能和氢璞创能分别给战略合作伙伴开出了 1699 元/kW 和 1999 元/kW 的超低价格。但此价格是在大批量供应条件下的价格，具备较多限制条件。

国际上，丰田 Mirai 二代整车售价折合人民币 44.8 万元，按照动力系统占整车成本 50% 计算，其系统售价 23 万元（114kW），折算单价约为 0.2 万元/kW。在国内市场，2020 年亿华通燃料电池系统的平均售价为 65.69 万元（30kW）、78.47 万元（40kW）、122.42万元（60kW），约 2.04 万元/kW；重塑股份燃料电池系统功率为46kW，售价为 1.15 万元/kW；其他燃料电池系统生产商的售价也普遍在万元以上，可见国内系统成本与国外仍存在较大差距。

在未来数年内，国内企业如能攻克电堆关键材料技术，实现质子膜、碳纸国产化，并展开批量化生产，则可推动燃料电池电堆价格大幅下降，预计将在 2025 年降低至 1000 元 /kW 以内，在 2030 年降低至 500 元 /kW 以内。随着空压机、氢气循环泵等系统关键设备逐步实现国产化量产，燃料电池系统价格将快速降低，预计在 2025 年系统成本将低至 1500 元 /kW 左右。

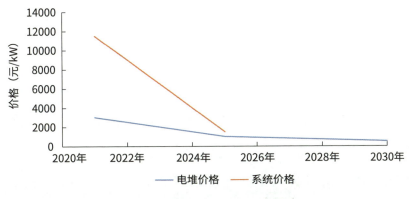

图 6-21　燃料电池价格下降趋势

八十六、燃料电池汽车的原理与结构是什么？

　　燃料电池汽车（Fuel Cell Vehicle，FCV）是一种以车载燃料电池装置作为动力源的汽车，属于电动车的一种。燃料电池汽车通过氢气和氧气的化学作用产生电能来带动电动机工作，从而驱动车辆前进。燃料电池汽车具有无噪声、零污染、续驶里程长、动力性高、燃料加注时间短等特点，在未来具有广阔的发展前景。

　　燃料电池汽车的基本工作原理是：高压储氢瓶内的氢气通过供氢系统运输至燃料电池系统，同空气中的氧气发生电化学反应产生电能，然后和辅助电源一起驱动电机供电，再由驱动电机带动汽车的机械传动装置，从而驱动车辆前进。

　　燃料电池汽车按"多电源"的配置不同，可分为纯燃料电池汽车和混合动力汽车。纯燃料电池汽车只有燃料电池一个动力源，车的所有功率负荷都由燃料电池承担。燃料电池混合动力汽车在燃料电池的基础上，通过增加辅助蓄电池（TB）或超级电容（UC）组成 FC+TB、FC+UC 和 FC+TB+UC 混合动力系统来实现驱动。丰田 Mirai 等国际先进的氢燃料电池乘用车多采用纯燃料电池汽车形式，而国内大多数燃料电池商用车则采用燃料电池加辅助蓄电池（FC+TB）的混合动力形式驱动。

　　从结构上看，燃料电池汽车的主要结构包括储氢系统、燃料电

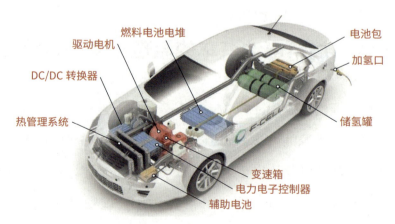

图 6-22　丰田 Mirai 燃料电池汽车基本结构示意

池系统、驱动电机、动力电池组、能量控制单元、热管理系统等。燃料电池汽车在车身、动力传动系统和辅助蓄电池结构方面与普通电动汽车基本相同，主要区别在于用燃料电池发动机代替或部分代替动力电池组，额外增加储氢系统、加氢口和氢安全报警系统。

表 6-7　燃料电池汽车主要组成部分功能

部件	功能
燃料电池系统	令氢气和氧气发生化学反应，产生并输出电能
能量控制单元	管理燃料电池和动力电池的电能，进行电压控制，并将电能分配给电机控制电机
动力电池组	与纯电动汽车所用动力电池组相同，一般为锂电池，可为车提供功率，在加速、爬坡和高速运行等特殊工况下提供动力，也可作为蓄电单元，实现制动能力回收
储氢系统	用于储存和提供高压氢气
驱动电机	利用来自燃料电池和动力电池组的电能，输出机械能驱动车轮。另外，也能够回收减速时的动能，转化为电能
变速器	从电机传递机械动力来驱动车轮
加氢口	特殊设计的金属嘴，能够卡住加氢枪，将加入的氢气送入氢罐中
辅助电池	常见 12V 辅助电池

1966 年，全球首辆氢燃料电池汽车 Electrovan 由美国通用公司设计完成，Electrovan 的燃料电池能够提供 32kW 稳定的功率输出，约 160kW 的峰值。20 世纪 90 年代，氢燃料电池汽车的研发大旗被日韩接管，本田、丰田、现代等国际著名汽车厂商先后进军氢燃料电池汽车的研发工作，以概念车形式推出了各自研发的多款氢燃料电池汽车。21 世纪初期，燃料电池汽车关键技术取得进一步攻关、示范和验证使用，燃料电池汽车逐步在某些特殊领域取得商业

化成功。2015 年以后，以丰田公司 Mirai、本田公司 Clarity、现代公司 NEXO 为代表，氢燃料电池轿车开始面向全球私人用户销售，标志着氢燃料电池汽车进入商业化初期阶段。"十五"期间，我国开始燃料电池技术和燃料电池汽车的研究。迄今为止，我国燃料电池汽车技术经过了 20 年的攻关与研发，取得了明显进步，已经初步具备了小批量生产的条件。但相较于国外，国内燃料电池汽车仅有小批量采购订单，属于示范项目，且积累的实际道路运行数据较少，尚未步入规模化商业运营阶段。此外，国内的燃料电池发动机基本用于商用车，乘用车方面仅形成了样车，尚未有批量产品。

八十七、国际燃料电池汽车的代表性产品有哪些？

国际上，丰田、现代是燃料电池汽车企业的两大巨头。其中代表性的产品为丰田 Mirai 和现代 NEXO。此外，本田的 Clarity 也具有较高的技术水平。Mirai 燃料电池汽车全球累计销量已达到 13963 台，现代 NEXO 达到 14768 台，市场占有率总和超 98%（由香橙会研究院根据丰田、现代官方网站数据整理）。

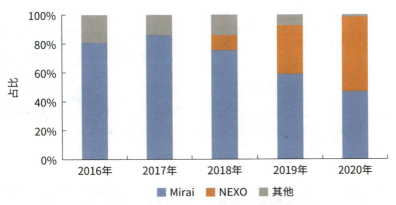

图 6-23 燃料电池乘用车品牌市场占有率

表 6-8 主要品牌燃料电池汽车参数

参数	丰田 Mirai	本田 Clarity	现代 NEXO
车体重量（kg）	1850	1890	1800
最高速度（km/h）	175	160	160
0~100km/h 加速时间（s）	10	10	9.5
最大功率（kW）/功率密度（kW/L）	113/3.1	130/3.0	95/2.15
续航距离（km）	650~700	760	805
电池容量（kWh）	NiH: 约 2.0	Li-ion: 约 4	Li-ion: 1.56（40kW）
储氢压力（MPa）	70	70	70
价格（补贴前）	726 万日元（约合人民币 43 万元）	766 万日元（约合人民币 45 万元）	1100 万日元（约合人民币 65 万元）

　　此外，日产、宝马、奥迪、通用、奔驰等企业也推出了燃料电池汽车产品。如日产 TeRRA、宝马 i Hydrogen NEXT、奥迪 h-tron、通用雪佛兰 Sequel 氢燃料电池汽车、奔驰 GLC Fuel-cell 等。

（a）丰田 Mirai

（b）现代 NEXO

（c）宝马 i Hydrogen NEXT

（d）Honda FCV

图 6-24　国际燃料电池汽车代表产品

八十八、国内燃料电池汽车的总数是多少？

根据中汽协的统计，2020 年燃料电池汽车产销全年完成 1199 辆和 1177 辆。2015—2020 年间，我国燃料电池汽车的销量分别为 10 辆、629 辆、1275 辆、1527 辆、2737 辆、1177 辆。2021 年 1—10 月，燃料电池汽车产销量分别为 940 辆和 953 辆。根据历年燃料电池汽车销量来估计，截至 2021 年 10 月，我国燃料

电池汽车总销量为 8308 辆，目前保有的燃料电池车辆总数应为
7000~8000 辆。

图 6-25 中国燃料电池汽车历年销量

八十九、国内主要有哪些燃料电池汽车生产厂家？

现阶段，国内氢燃料电池主要在商用车和专用车领域应用，主要包括大巴、公交车和物流车等。受制于燃料电池系统小型化技术成熟度低、政策限制和应用场景等因素，燃料电池乘用车数量较少，仅有部分概念和示范车型（广汽传祺 Aion LX、上汽荣威 950 和大通 FCV80、长安 CS75 Hydrogen）。2018—2020 年，我国燃料电池汽车销售量分别为 1527 辆、2737 辆和 1177 辆，其中配套较多的厂家包括上汽大通、宇通客车、飞驰汽车、申龙客车、成都客车、中通客车、北汽福田、东风汽车、苏州金龙、广州环卫、成都大运、宁波中车等。

图 6-26　国家电投燃料电池大巴车

表 6-9　主要燃料电池汽车厂家及车型

品牌	车型	类型	配套厂家
上汽大通	FCV80	轻型客车	新源动力
	EUNIQ 7	MPV	上汽捷氢
宇通客车	12m 客车	长途大巴	国家电投氢能
	12m 客车	长途大巴	亿华通
	10.5m 客车	城市公交	亿华通
飞驰汽车	FSQ6860 客车	城市公交	国鸿氢能
申龙客车	SLK6859 客车	8.5m 公交	重塑股份
	SLK6109 客车	10.5m 公交	亿华通
成都客车	CDK6110C 客车	公交	东方电气
北汽福田	12m 客车	长途大巴	国家电投氢能
	42t 氢燃料电池重卡	重型卡车	上海氢晨
	欧辉客车	8.5m 公交	亿华通
宁波中车	TEG6852 客车	10.5m 客车	国家电投氢能
成都大运	燃料电池牵引车	重型卡车	氢雄云鼎
东风汽车	燃料电池半挂牵引车	重型卡车	深圳氢时代
苏州金龙	燃料电池半挂牵引车	重型卡车	重塑股份

注　根据行业公开信息整理。

九十、国内燃料电池汽车补贴政策是什么？

国家层面上，2020 年 9 月 21 日，五部委（财政部、工业和信息化部、科技部、国家发展改革委、国家能源局）联合发布《关于开展燃料电池汽车示范应用的通知》，明确了燃料电池汽车奖励补贴政策。2021 年 8 月，五部委公布了示范城市群名单，京津冀、上海和广东三个示范城市群入围。

五部委将对燃料电池汽车的购置补贴政策调整为燃料电池汽车示范应用支持政策。示范期暂定为四年。示范期间，五部委将采取"以奖代补"方式，对入围示范的城市群按照其目标完成情况给予奖励。奖励资金由地方和企业统筹用于燃料电池汽车关键核心技术产业化、人才引进及团队建设，以及新车型、新技术的示范应用等，不得用于支持燃料电池汽车整车生产投资项目和加氢基础设施建设。

表 6-10　燃料电池汽车城市群示范目标和积分评价体系

领域	关键指标	城市群示范目标	奖励积分标准	补贴上限（分）
燃料电池汽车推广应用	推广应用车辆技术和数量	（1）示范期间，电堆、膜电极、双极板、质子交换膜、催化剂、碳纸、空压机、氢气循环系统等领域取得突破，并实现产业化。车辆推广规模应超过 1000 辆。 （2）燃料电池系统的额定功率不小于 50kW，且与驱动电机的额定功率比值不低于 50%。 （3）燃料电池汽车所采用的燃料电池启动温度不高于 -30℃。	（1）2020 年度，1.3 分 / 辆（标准车，下同）；2021 年度，1.2 分 / 辆；2022 年度，1.1 分 / 辆；2023 年度，0.9 分 / 辆。燃料电池系统的额定功率大于 80kW 的货运车辆，最大设计总质量 12~25t（含 25t）按 1.1 倍计算，25~31t（含 31t）按 1.3 倍计算，31t 以上按 1.5 倍计算。	15000

续表

领域	关键指标	城市群示范目标	奖励积分标准	补贴上限（分）
燃料电池汽车推广应用	推广应用车辆技术和数量	（4）燃料电池乘用车所采用的燃料电池堆额定功率密度不低于3.0kW/L，系统额定功率密度不低于400W/kg；燃料电池商用车所采用的燃料电池堆额定功率密度不低于2.5kW/L，系统额定功率密度不低于300W/kg。 （5）燃料电池汽车纯氢续驶里程不低于300km。对最大设计总质量31t（含）以上的货运车辆，以及矿山、机场等场内运输车辆，经认定后可放宽至不低于200km。 （6）燃料电池乘用车生产企业应提供不低于8年或12万km（以先到者为准，下同）的质保，商用车生产企业应提供不低于5年或20万km的质保。 （7）平均单车累计用氢运行里程超过3万km。 （8）鼓励探索70MPa等燃料电池汽车示范运行	（2）关键零部件产品通过第三方机构的综合测试，每款产品在示范城市群应用不低于500台套，产品实车运行验证超过2万km，技术水平和可靠性经专家委员会评审通过，给予额外加分。其中：电堆、双极板奖励积分标准0.20分/辆；膜电极、空压机、质子交换膜奖励积分标准0.25分/辆；催化剂、碳纸、氢气循环系统奖励积分标准0.30分/辆。每款关键零部件产品最多额外奖励1500分。 在全国范围内，根据关键零部件产品技术、质量和安全水平等因素进行综合评价，每类关键零部件最多给予5款产品加分	15000
氢能供应	氢能供应及经济性	（1）车用氢气年产量超过5000t。鼓励清洁低碳氢气制取，1kg氢气的二氧化碳排放量小于15kg。 （2）车用氢气品质满足GB/T 37244—2018《质子交换膜燃料电池汽车用燃料 氢气》的要求。 （3）车用氢能价格显著下降，加氢站氢气零售价格不高于35元/kg	按照车用氢气实际加注量给予积分奖励： （1）2020年度，7分/百吨；2021年度，6分/百吨；2022年度，4分/百吨；2023年度，3分/百吨。 （2）成本达标，奖励1分/百吨。 （3）清洁氢（1kg氢气的二氧化碳排放量小于5kg）奖励3分/百吨。 （4）运输半径小于200km，奖励1分/百吨	2000

注 1. 原则上1积分约奖励10万元，示范期间将根据示范进展情况适度调整补贴标准和技术要求。
　2. 燃料电池标准车折算办法。燃料电池汽车按燃料电池系统额定功率（P，单位为kW）折算为标准车，折算系数（Y）为
（1）乘用车：$Y=(P-50)\times0.03+1$；$P\geqslant80$时，$Y=1.9$。
（2）轻型货车、中型货车、中小型客车：$Y=(P-50)\times0.02+1$；$P\geqslant80$时，$Y=1.6$。
（3）重型货车（12t以上）、大型客车（10m以上）：$Y=(P-50)\times0.03+1$；$P\geqslant110$时，$Y=2.8$。
　3. 示范结束后，对超额完成示范任务的，超额完成部分予以额外奖励，按照超额完成的任务量和奖励积分标准进行测算，额外奖励资金上限不超过应获得资金的10%。

根据《燃料电池汽车城市群示范目标和积分评价体系》中规定的各类车型积分的计算方法，整理测算后得到各类车型补贴上限。从中可以看到，补贴力度最大的车型是重型货车，总质量在31t以上的车型最高有54.6万元的补贴。

表 6-11 燃料电池汽车推广应用补贴标准测算

车型分类		标准车单车补贴金额上限（万元）				标准车折算积分标准（P 为燃料电池系统额定功率）
		2020 年度	2021 年度	2022 年度	2023 年度	
		1.3 分	1.2 分	1.1 分	0.9 分	
乘用车		24.7	22.8	20.9	17.1	$Y=(P-50)\times0.03+1$ $P\geqslant80$ 时，$Y=1.9$
轻型货车、中型货车中小型客车		20.8	19.2	17.6	14.4	$Y=(P-50)\times0.02+1$ $P\geqslant80$ 时，$Y=1.6$
重型货车（>12t）	12~25t（×1.1）	40.04	36.96	33.88	27.72	$Y=(P-50)\times0.03+1$ $P\geqslant110$ 时，$Y=2.8$
	25~31t（×1.3）	47.32	43.68	40.04	32.76	
	>31t（×1.5）	54.6	50.4	46.2	37.8	
大型客车（>10m）		36.4	33.6	30.8	25.2	

九十一、燃料电池汽车不同车型的市场占比是多少？

2016—2021 年间，我国燃料电池汽车销量累计超 7000 辆，基本全部为商用车。商用车中，主要应用领域是物流车、公交客车、公路客车和通勤客车。

（a）物流车

（b）公交客车

（c）公路客车

（d）通勤客车

图 6-27　不同类型的燃料电池汽车

氢燃料电池汽车市场集中度较高，截至 2020 年底，TOP10 企业累计接入新能源汽车国家监测与管理平台 5493 辆，占比达 91.5%。

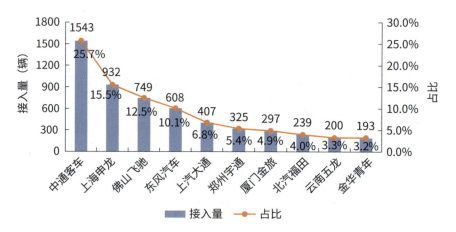

图 6-28　截至 2020 年底燃料电池汽车接入量 TOP10 企业（来源：国家监管平台）

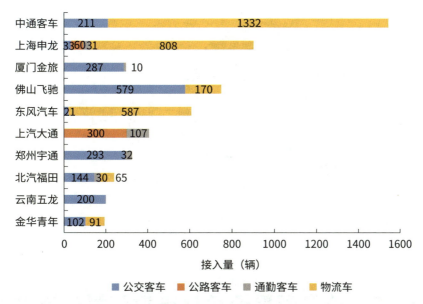

图 6-29　截至 2020 年底燃料电池汽车接入量 TOP10 企业车型统计

　　从 TOP10 企业氢燃料电池汽车的应用场景来看，佛山飞驰、郑州宇通、厦门金旅、北汽福田、云南五龙汽车主要在公交客车领域推广应用；中通客车、上海申龙、东风汽车主要在物流车领域推广应用。按数量由大到小排序，分别是物流车、公交客车、公路客车和通勤客车。

　　从产品类型数量来看，从 2016 年至 2020 年，工业和信息化部发布的《新能源汽车推广应用推荐车型目录》中，涉及燃料电池的共 45 批，571 款产品。其中，燃料电池客车 394 款，燃料电池专用车 165 款，燃料电池乘用车 6 款，燃料电池底盘 6 款。申报产品类型以客车为主，比例为 69%；其次是专用车，比例为 29%。

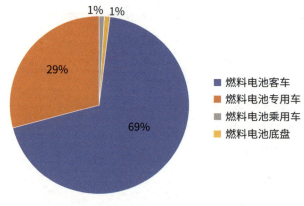

图 6-30　燃料电池汽车申报产品类型统计

九十二、铂资源是否足够支撑氢燃料电池汽车的大规模应用？

在燃料电池中，铂是最重要的材料，也是燃料电池中唯一可能受到自然资源制约的关键材料。铂基催化剂是目前质子交换膜燃料电池唯一可用的商用催化剂，虽然学术界正在开展无铂催化剂研究，但无铂催化剂无论是性能还是稳定性方面与铂基催化剂还存在很大的差距。在可预见的将来，铂基催化剂仍然是燃料电池催化剂的主要选择。铂是一种非常稀有的贵金属，储量比黄金还低。在未来氢能汽车大规模普及的情况下，是否有足够的铂用于氢能汽车成了一个备受关注的问题。

铂的年产量约为 250t，其中约 200t 为矿产铂，50t 为回收铂。

全球铂消费主要有汽车尾气催化剂、首饰、工业和投资四大领域，其中汽车尾气催化剂使用量约为 100t，是目前占比最大的应用领域。在铂的矿产储量方面，根据美国地质调查局（USGS）的预计，全球铂族金属资源量约 10 万 t，其中约有一半为铂，因此铂的储量约为 5 万 t。铂储量主要分布在南非和俄罗斯，两国储量超过全球总储量的 98%，其中南非储量超过 90%。

在燃料电池中，铂主要用于催化剂，用量水平约为 0.4g/kW，根据预测，未来燃料电池铂载量将可以低至 0.1g/kW。轻型燃料电池汽车平均功率约为 100kW，燃料电池重型卡车等应用平均功率约为 300kW，因此每辆轻型燃料电池汽车使用铂约 10g，燃料电池重型卡车使用铂约 30g。铂的总储量约为 5 万 t，足够数十亿辆燃料电池汽车的用量。

根据较为乐观的预测，到 2050 年燃料电池汽车占比接近 50%，轻型燃料电池汽车年产达到 5000 万辆，燃料电池重型卡车年产达到 500 万辆，用于燃料电池汽车的铂总用量为 620t。燃料电池中的铂易于回收，在未来可以采取一系列措施和政策提升铂回收率，燃料电池中铂的回收率达到 80% 以上是可行的。考虑到铂的回收，燃料电池领域每年铂的净用量为 124t。而燃油车尾气催化剂铂用量为 100t，在未来燃油车退出的情况下，这部分铂用量的减少可以抵销大部分燃料电池铂用量的增加，铂消费总量增加不多，对于铂产量提升的压力并不大。

　　综合考虑，地球上储存的铂资源是能够支撑氢燃料电池汽车的大规模使用的。而通过铂载量降低、铂回收率提高等技术手段，即使在未来燃料电池汽车达到年产数千万辆规模情况下，仍然有充足的铂可以供应。

九十三、燃料电池汽车与锂电池汽车相比的优劣势分别是什么？

　　采用锂电池的电动汽车，经过多年发展，已经逐步走向成熟。根据统计，2020年，全国电动汽车销量为136万辆，2021年8月，电动汽车产销量均超过30万辆，再创历史新高，全国的电动汽车保有量已超过400万辆。燃料电池汽车当前处于研发向规模化应用的过渡阶段，产量较小，每年仅为1000~2000台。虽然锂电池汽车和燃料电池汽车所处的阶段不同，不容易直接进行对比，但从长远的技术角度来看，燃料电池汽车和锂电池汽车相比，优劣势分别如下：

　　燃料电池汽车相比锂电池汽车主要具有充氢时间短、续航里程长、能量密度高等优势。理论上燃料电池汽车充氢仅需要3~5min，远低于锂电池汽车。受限于现在加氢站的压缩和氢气冷却技术，充氢时间达不到理论值，且随着锂电池汽车快充和换电技术的发展，在充电时间方面的差距逐步缩短，因此燃料电池汽车为了保持加注时间的优势，还需要继续提升快速充氢技术。续航里程方面，由于氢气存储的能量密度明显高于锂电池（根据估算，70MPa 储氢罐体积能量密度是锂电池的 3~5 倍），因此燃料电池汽车在续航里程方面具备明显优势。乘用车方面，锂电池汽车能达到 500~600km 的续航里程，已基本满足城市出行的使用需求。但对于重型卡车等重载、长途车辆，锂电池汽车的续航能力还远不能满足需求，燃料电池汽车在这方面具备明显的技术优势。

成本方面，由于锂电池技术成熟、产业完整、已实现规模化量产，其成本明显低于燃料电池。但国外丰田 Mirai 二代燃料电池系统成本已经低至 2000 元 /kW 以下，国内燃料电池系统成本较前两年已经大幅下降至 3000~5000 元 /kW，与锂电池的成本差距在迅速减小。随着技术成熟和规模量产，燃料电池系统成本有望在数年内降低至 1000 元 /kW 以下，届时燃料电池发动机将低于 10 万元 / 台，在经济性上将与锂电池具备一定的竞争能力。从更长远角度来看，燃料电池使用的主要资源仅为少量铂等贵金属，其他材料都非常廉价，随着低铂催化剂技术提升和其他关键材料部件技术的成熟，未来燃料电池成本下降空间将高于锂电池，在远期燃料电池成本很有可能较锂电池有着明显优势。此外，锂电池含有大量重金属镍、钴、砷等有毒污染物，废弃电池处理成本不可忽视；而燃料电池几乎不存在有毒有害的污染物，催化剂里面的贵金属也易于回收。

从安全性角度来看，锂电池汽车事故多发，安全性面临着较大挑战。燃料电池汽车与锂电池汽车系统不同，储氢罐与发电系统是分开的，电堆不会引起自燃。先进的储氢瓶已具备很高的安全性，车载储氢罐均需通过火烧和枪击试验，发生泄漏和爆炸的概率很低。车载供氢系统有完整的安全辅助装置以进行过温过压保护，燃料电池整车也设计了氢气监控体系确保运行安全，遇到事故易于切断氢源，从而阻止事故发展。氢在开放空间会迅速扩散，难以聚集，安全可控。在受限空间，结合氢气泄漏后容易向上逸散的特点，只要在受限空间实时监控，并做好通风等防护措施，即可保证氢气使用安全。因此，随着技术的发展，燃料电池汽车在安全性方面相比锂电池汽车将是一项优势。

锂电池汽车相对于燃料电池汽车的最明显优势是能量效率高，运行成本低。锂电池系统对于电的利用效率可达80%~90%，而燃料电池汽车的整个"电–氢–电"过程效率仅为30%~40%，因此锂电池汽车相对燃料电池汽车来说运行费用具有较大优势。但在未来，整个电力系统将以风、光等波动性能源为主，对电网提出了很高的要求，电力成本中的输电成本有可能远高于发电成本。在这种情况下，燃料电池汽车采用风、光大规模离网制氢获得的绿氢，其综合运行成本与锂电池汽车的运行成本差距可能会较小，甚至有可能低于锂电池汽车的运行成本。

综上所述，当前锂电池汽车技术成熟、价格低、运行成本低，在乘用车方面比燃料电池汽车具备明显优势，在重型卡车等领域，燃料电池汽车有独特优势，可以与锂电池汽车形成互补。在未来，随着氢能与燃料电池技术成熟、产量规模提升、绿氢价格下降以及基础设施的完善，与锂电池汽车相比，燃料电池汽车有望具备整体竞争力。

九十四、燃料电池用于船舶有什么优势？有哪些案例？

传统的船舶动力装置主要包括柴油机、汽轮机、燃气轮机等，采用价格低廉的重油作为燃料，运行过程中会产生硫氧化物、氮氧化物、颗粒物等大气污染物，污染较为严重，不符合绿色航运的大趋势。同时，船舶的应用也排放了大量二氧化碳，据克拉克森测算，2019 年航运业碳排放约 8.19 亿 t。

近年来，国际公约法规对船舶碳排放要求日益严格。2018 年 4 月，国际海事组织（IMO）制定了海运温室气体减排初步战略要求：与 2008 年相比，到 2030 年船舶二氧化碳排放量至少降低 40%，到 2050 年降低 50% 以上。我国交通运输部颁布的《船舶大气污染物排放控制区实施方案》等规定，对于船舶污染物排放提出了更高要求。

为了实现船舶的零碳和零污染，多种零碳船动力技术路线被提出。其中，燃料电池具有无污染、无排放、续航长等特点，用于船舶有着独特的优势，未来船舶用燃料电池拥有广阔的市场前景。相较于传统动力，燃料电池在船舶领域应用具有以下优势：

（1）无污染，无排放。以氢为能源的燃料电池的排放物仅为水，并没有高温燃烧过程，不排放碳、氮或硫的氧化物。同时，燃料电池船不会产生油污。

（2）续航长，加注快。与锂电池船舶相比，燃料电池船舶在续航距离方面具有明显的优势，同时在加注时间方面也有着明显的优势。

（3）效率高。与普通柴油机或燃气轮机 25% ~ 40% 的转换率相比，燃料电池的能效转换率为 40% ~ 60%，远远高于传统动力系统的效率。

（4）操作性能及运行可靠性高。燃料电池输出功率变化特性较好，启动迅速，可在数秒内实现启动，对负载变化响应快，非常适合需要功率范围宽而效率高的船舶动力装置。

燃料电池用于船舶领域的开发和应用仍处于起步阶段。对于较大型船舶，燃料电池通常用于与柴油发电机组成混合动力系统或是用于辅助动力系统；对于小型船舶，燃料电池系统已可以作为主推进动力，并拥有实船测试的成功案例。美国、日本、欧盟等国家和地区多个企业在氢燃料电池船舶上进行了研发投入，启动了多个运营良好的案例。

2000 年，德国首次建造了氢燃料电池客船 Hydra，在德国波恩附近的莱茵河正式亮相，正式揭开了氢燃料电池在船舶领域应用的序幕。

2018 年，丰田为法国世界首款自动驾驶氢能赛艇 "Energy Observer" 号提供氢燃料电池系统，助其完成为期 6 年的长时间航行。这艘船除了采用氢能外，还采用了太阳能、风能和波浪能等技术共同实现能源供应。该系统已于 2020 年 2 月交付，并正式投入航行。报道称，该船已访问了 25 个国家和地区、48 个港口，3 年巡航距离约 18000 海里。

图 6-31 "Energy Observer" 号燃料电池船示意

美国首艘氢燃料电池客船 "Water-Go-Round" 号于 2019 年 9 月完成建造。这艘船的动力由 2 台 300kW 功率的电机提供，电力则由 360kW 功率的质子交换膜燃料电池和锂离子电池组提供；氢罐由海克斯康复合材料公司提供，可在加满氢气后运行2天。该船能运输84名乘客，最高航速可达22节。

图 6-32　"Water-Go-Round"号燃料电池船示意

国内也已有燃料电池船舶示范项目。2021年1月，大连海事大学新能源船舶动力技术研究院牵头建造的中国第一艘燃料电池游艇"蠡湖"号通过试航，标志着我国燃料电池在船舶动力上的实船应用迈出关键一步。该燃料电池游艇船长13.9m，采用70kW燃料电池及86kWh的锂电池组成混合动力，设计船速18km/h，续航180km，可载乘员10人。

要实现燃料电池在船舶上的广泛应用还需要解决一些技术问题。船舶对于燃料电池功率的产品特性、安全性、需求以及储氢条件等的要求与汽车有很大不同，需要开发适宜于船舶的氢燃料电池系统。船用氢气的存储是船舶氢气燃料电池发展的主要难点之一，由于船舶续航长，氢气耗量大，因此必须要寻求储氢密度、安全性及储氢成本的平衡，研究出适用于船舶的高性能储氢技术。燃料电池船舶的安全技术、管理技术和标准规范也是需要解决的重要问题。

九十五、燃料电池用于无人机有什么优势？有哪些案例？

　　航空业的快速增长使其成为未来交通运输领域温室气体排放的主要来源之一，航空业对气候和环境的影响越来越显著，氢能航空被认为是航空业未来实现污染物零排放和可持续发展的关键。由于大型客机对于燃料电池能量密度、氢燃料储存和加注以及氢安全有着很高的要求，短时间内实现大型氢燃料电池飞机的应用难度很大。而无人机由于其低成本、操作便利的特点，应用越来越广泛。燃料电池由于其续航长、无噪声、无污染的优点，在无人机方面有着广阔的应用空间。

　　无人机燃料动力系统主要包括活塞式发动机、锂电池动力系统和燃料电池动力系统。与其他类型动力系统相比，燃料电池无人机主要有以下优势：

　　（1）燃料电池无人机清洁、环保，无任何污染物以及二氧化碳排放，可以实现零排放。

　　（2）与同为零排放的锂电池无人机相比，燃料电池续航时间长。在多旋翼无人机中，锂电池可持续 20min，而燃料电池可持续 90min 或更长时间；在固定翼无人机中，锂电池可持续 4h，燃料电池则可持续 12~15h。

（3）加注氢气时间短，生命周期内性能衰减小。

（4）无震动和噪声，红外信号低，在军事领域有独特优势。

图 6-33　氢燃料电池无人机示意

国内外已有较多的燃料电池无人机示范项目。国际上，英国 Intelligent energy 公司已推出 djim100 平台燃料电池无人机和 Jupiter-H$_2$ 燃料电池无人机产品；挪威 Nordic Unmanned 公司推出 Staaker BG-200 燃料电池无人机产品；美国海军的混合型老虎无人机也于 2020 年成功试飞。此外，德国、日本、韩国等国家也均在燃料电池无人机领域进行了实践。

从 2015 年开始，国内就已经有相关企业成功开发燃料电池无人机。近年来，国内许多院校、企业对燃料电池无人机开展了项目实践，燃料电池无人机得以在巡航、警用、救援、气象等领域取得应用。截至 2020 年公开数据统计，国内已有数十家燃料电池企业提供无人机用燃料电池产品，研发的动力系统被广泛用于无人机上，续航时间超过以锂离子电池为动力的无人机的 2 倍，极大地扩展了无人机的应用领域和使用范围。

九十六、国际和国内已建成的和在建的加氢站数量是多少？

加氢站作为氢能产业中连接上游制、储、输环节与下游应用市场的枢纽，是保障氢能应用的关键。根据市场研究公司 Information Trends 发布的《2021 年全球氢燃料站市场》(*Global Market for Hydrogen Fueling Stations, 2021*) 报告，到 2020 年底，全球已有 33 个国家进行了加氢站的布局，共建成 584 座加氢站。美国在全球加氢站中的占比为 12%，欧洲、中东和非洲合计占比为 36%，亚太地区所占份额则达到 52%。根据 H2stations.org 的统计，2020 年底全球共建成 553 座加氢站，107 座加氢站正在建设。

根据香橙会研究院统计，截至 2020 年底，中国累计建成 118 座加氢站，仅次于日本的 150 座加氢站，排名世界第二。其中建成的加氢站中已投入运营 101 座，待运营 17 座，投用比例超过 85%。此外，中国在建或拟建的加氢站数量达到 167 座。而根据势银（TrendBank）统计，截至 2021 年 7 月 1 日，中国已累计建成加氢站 165 座。

九十七、加氢站有哪些类型？

加氢站有多种类型，可按氢气存储方式、氢气来源、加氢站型式、合建内容等对其进行分类。

按照氢气存储方式可分为高压气态加氢站和低温液态加氢站，此外，固态金属和有机液态加氢站处于研发试验阶段。我国均为高压气态加氢站，由于液氢生产、储存、加注技术不够成熟，只有液氢示范项目规划，尚未有液氢加氢站建成投入使用。

按照氢气来源可分为外供氢加氢站和站内制氢加氢站。外供氢加氢站的供氢方式可分为管束车供氢和管道供氢，国内大部分采用管束车外供氢模式，上海驿蓝加氢站是全国首个管道输氢的加氢站。外供氢加氢站的氢气来源主要由气体生产公司提供，也有部分加氢站利用提纯后的化工副产氢。

站内制氢加氢站将制氢和加氢整合在一个站点里，省去了氢气运输成本。美国、日本等在站内制氢方面已具有成熟经验，国内由于技术和政策限制，站内制氢加氢站较少，典型的有山西大同加氢站、北京延庆加氢站、湖南株洲氢电综合智慧能源站等。站内制氢加氢站可采用电解水制氢或天然气制氢的方式。如北京延庆加氢站采用站内 PEM 电解水制氢，为 2022 年北京冬奥会期间氢燃料车辆示范运营提供保障；湖南株洲氢电综合智慧能源站则采用 1 套 2000m³/h（标况）和 1 台 200m³/h（标况）的天然气制氢装置制取氢气。

按照加氢站型式可分为标准站、撬装站、移动站和子母站等。标准站为固定式加氢站，加氢能力强，但成本较高。撬装站和移动站成本低，使用灵活，但加氢能力相对较小。

加氢站也可以与其他能源供给站点合建。按照合建内容可分为加油加氢合建站、加气加氢合建站、加氢充电合建站，以及加油加气加氢充电混建站等类型。

（a）制加氢一体站　　　　（b）气氢加氢站　　　　（c）液氢加氢站

图 6-34　加氢站示意

九十八、加氢站氢气成本构成有哪些？

加氢站出售氢气的成本主要由加氢站建设成本、运营成本及氢气采购成本构成。我国已建和在建加氢站的主要类型是外供氢高压气态加氢站，主流规模为 500kg/d 和 1000kg/d。不含土地投资情况下，国内加氢规模为 500kg/d 的加氢站投资为 1200 万~1500 万元，1000kg/d 的加氢站投资为 2000 万~2500 万元，其中设备及土建的投资占比在 70% 以上。各地的土地价格和政策不尽相同，考虑土地成本，加氢站的成本更高。在不考虑政府补贴的情况下，较为理想状态下 500kg/d 加氢站据测算加氢成本为 15~18 元 /kg，1000kg/d 加氢站加氢成本为 9~12 元 /kg。提高加氢站规模，能明显降低氢气的加注成本。

下面以日加注能力 500kg、固定总投资 1000 万元的加氢站为例，分析加氢站的成本。

表 6-12　加氢站成本分析案例

项目	成本（万元 / 年）
固定资产折旧（15 年）	67
员工薪酬及福利（8 人）	80
电费（平均 0.6 元 /kWh）	44
氢气运输费（运输距离 80km，10 元 /km）	58
定期检验费用（防雷、安全附件、氢气探头等）	8
管理费（办公、劳防用品等）	10
设备维修费	5

该案例加氢站一年运行成本约 272 万元，若平均每天销售氢气 500kg，全年销售氢气 182500kg，则加氢站达到盈亏平衡点的氢气销售毛利为 15 元 /kg。当氢气采购价为 20 元 /kg 时，零售价为 35 元 /kg。

九十九、加氢站主要包括哪些关键设备？

我国加氢站主要为高压气态加氢站，核心设备主要包括氢气压缩机、储氢装置、氢气加注设备及站控系统等。加氢站通过外部供氢或站内制氢获得氢气后，经过调压干燥系统处理后转化为压力稳定的干燥气体，随后在氢气压缩机的输送下进入高压储氢罐储存，最后通过氢气加注机（加氢机）为燃料电池汽车进行加注。站内供氢加氢站相比于外供氢加氢站，则主要多了制氢和纯化装置。由于制氢和纯化装置在前面已有介绍，以下主要针对外供氢加氢站的核心设备进行介绍。

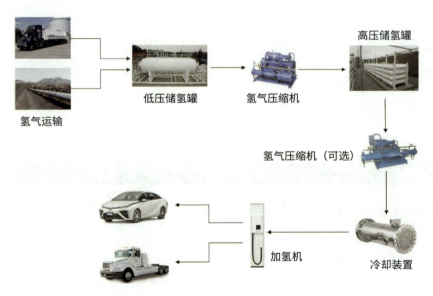

图 6-35　外供氢加氢站主要设备示意

1. 氢气压缩机

氢气压缩机是将氢源加压注入储气系统的核心装置，其最重要的性能指标是输出压力和气体封闭性能。加氢站使用的压缩机主要有隔膜式压缩机、液驱式压缩机和离子式压缩机三种。隔膜式压缩机无需润滑油润滑，能够获得满足燃料电池汽车纯度要求的高压氢气，其输出压力极限可超过100MPa，足以满足加氢站70MPa以上的压力要求，但隔膜式压缩机在压缩过程中需要采用空气冷却或液体冷却的方式进行降温。液驱式压缩机技术成熟，系统结构简单，工作过程中气体和润滑油不接触。但其受自身结构限制，仅适用于中小排量和高压的工况，只能用于非连续运营的试验性加氢站和移动式加氢站。离子式压缩机能实现等温压缩，能长期运行，维护成本低，能耗小。目前国内加氢站较多采用的是隔膜式压缩机。离子式压缩机主要在国外应用得比较多，且一般用在具有较高储氢压力（一般为90 MPa左右）的加氢站中。

表 6-13　三种压缩机优缺点对比

类型	优点	缺点
隔膜式压缩机	气体纯净度高； 相对余隙很小，密封性好； 在国内加氢站应用较广	单机排气量相对较小； 进口设备费用较高； 频繁启停，容易降低压缩机寿命
液驱式压缩机	技术成熟，系统结构简单	仅适用于中小排量和高压的工况
离子式压缩机	构造简单，维护方便； 能耗较低	制造标准与国内不同，引进手续复杂； 价格较高

（a）隔膜式压缩机

（b）液驱式压缩机

（c）离子式压缩机

图 6-36 各类压缩机示意

2. 储氢装置

储氢罐很大程度上决定了加氢站的氢气供给能力。加氢站内的储氢罐通常采用低压（20~30MPa）、中压（30~40MPa）、高压（40~75MPa）三级压力进行储存。有时氢气长管拖车也作为一级储气（10~20MPa）设施，构成 4 级储气的方式。储氢装置需要考虑材料抗氢脆性能、抗疲劳性能、使用寿命和定期检验等方面的问题。

3. 氢气加注设备

加氢机是实现氢气加注服务的设备，加氢机上装有压力传感器、温度传感器、计量装置、取气优先控制装置、安全装置等。

氢气加注设备与天然气加注设备原理相似，由于氢气的加注压力达到 35MPa，高于天然气 25MPa 的压力，因此对于加氢机的承压能力和安全性要求更高。根据加注对象的不同，加氢机设置不同规格的加氢枪。如安亭加氢站设置 TK16 和 TK25 两种规格的加氢枪，最大加注流量分别为 2kg/min 和 5kg/min，加注一辆轿车用 3~5min，加注一辆公交车需要 10~15min。

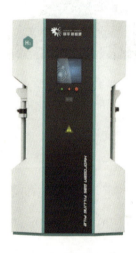

图 6-37　加氢机示意

4. 冷却装置

加氢过程中，由于存在氢气节流过程的焦耳－汤姆逊效应，氢气会快速升温。为了保证安全，需要加装冷却装置，将氢气温度降低至 −40℃，以确保在快速加注期间车辆的储氢罐不超过 85℃。

5. 站控系统

站控系统作为加氢站的神经中枢，控制着整个加氢站的所有工艺流程能够有条不紊地进行。站控系统功能是否完善，对于加氢站能否正常运行有着至关重要的作用。

一〇〇、加氢站及关键设备的国产化和自主化程度如何？

加氢站关键设备主要包括氢气压缩机、高压储氢装置、氢气加注设备及站控系统等，关键设备的国产化和自主化程度如下。

1. 氢气压缩机

国际上主要的隔膜式压缩机的生产商有美国 Hydro-PAC、PDC 等，产品排气压力可达 100MPa，流量为 200~750m³/h（标况），效率可达 80%~85%。国内自主品牌主要有北京天高、北京中鼎恒盛、江苏恒久和京城环保等品牌。目前美国 PDC 等进口产品仍占据国内加氢站压缩机较大的市场份额，但国产替代速度在加快。液驱式压缩机则以美国 Haskel、德国麦格思维特等为代表，国内深圳思特克（STK）、济南赛思特等公司也正在开展该种机型的国产化研制与推广工作。离子式压缩机在国外已有应用，国际上的主要供应商是林德公司，国内还处于研发阶段，没有形成产品。

在氢气压缩机国产化方面，国内多家企业已经取得了很好的效果，尤其是隔膜式压缩机性能已与进口产品接近，并形成了规模生产能力，成本上相比进口产品具备一定优势，未来有望逐渐取代进口产品。

2. 高压储氢装置

国外在高压储氢装置方面具备成熟技术，代表企业有美国

CPI、美国空气产品公司等。国内在加氢站储氢装置方面已具备较好的自主化能力。立式或卧式储氢罐方面，浙江大学设计、巨化集团制造的大容积全多层钢制高压储氢容器，完全符合国家标准要求。储氢瓶组方面，中集安瑞科生产的 45MPa 氢气大容积无缝钢质气瓶组自世博会开始已广泛应用于国内外。

图 6-38 高压储氢装置示意

3. 氢气加注设备

在加氢机技术方面，美国空气产品公司、德国林德公司、日东工器株式会社（NITTO KOHKI）、德国 WEH 公司等企业生产的 70MPa 加氢机的安全性与智能化程度较高。国内 35MPa 的加氢机基本实现自主化，但加氢枪、流量计等核心零部件还是依赖进口，国内厂商主要有舜华新能源、国富氢能、海德利森、液空厚普等。国内企业已掌握 70MPa 加氢机技术，后续目标主要是改进产品工艺，降低成本。

4. 站控系统

我国已建成加氢站的站控系统一般由加氢站承建方或是加氢机设备供应商来提供，技术比较成熟。

表 6-14 国内外氢气加注关键点差距

关键点	国内外差距
氢气压缩机	隔膜式和液驱式压缩机：国内已实现国产化，逐步替代进口产品。 离子式压缩机：技术研发中，应用落后于国外
高压储氢装置	国内已实现自主化，并实现境外销售
氢气加注设备	35MPa 的加氢机基本实现国产替代，但加氢枪、流量计等核心零部件依赖进口。 国内已掌握 70MPa 加氢机技术，但应用落后于国外
站控系统	已实现国产化，国内加氢站承建方或加氢机设备供应商可提供

总体来讲，国内企业已具备较为成熟的高压气氢加氢站的设计、建造和运营能力。加氢站关键设备方面，氢气压缩机、高压储氢装置、加氢机及站控系统，已形成国产化的产品，正在逐步对进口产品进行替代，但加氢枪、流量计等部分核心零部件还是依赖进口。液氢加注相关技术和装备与国外差距较大。

一〇一、国内加氢站建设运营的代表企业有哪些？

在加氢站设计建设和运营方面，国内企业已具备成熟技术和较强实力，我国已建成加氢站 100 余座，基本均由国内企业建设运营。专业从事加氢站建设的企业主要有舜华新能源、氢枫能源、液空厚普、富瑞氢能、海德利森、派瑞华氢、上海驿蓝等公司。其中舜华新能源、氢枫能源是老牌加氢站企业，具有丰富的建设经验，同时自身具备加氢站关键设备的制造能力，占据了市场份额的前两名。液空厚普是法液空公司与厚普股份共同投资的合资公司，依托法液空形成了自己的技术能力。富瑞氢能、海德利森在加氢站关键设备方面实力较强，也具备加氢站的建设能力。派瑞华氢是中船重工 718 所的子公司，在加氢站建设和装备制造方面具备能力。

此外，中国石化、中国石油等油气企业也依靠自身的加油、加气站经营优势，通过合作、混建等形式拓展加氢业务，建设加油加

（a）舜华新能源加氢站

（b）氢枫能源加氢站

（c）中国石化加氢站

图 6-39　国内典型公司加氢站示意

氢合建站、加气加氢合建站。中国石化非常重视加氢站业务，提出了5年内建设1000座加氢站的计划，预计2021年建设100座加氢站，广东等地已完成了多座加氢站的建设。

表 6-15 国内典型加氢站运营企业

建设与运营企业	能力与业绩
舜华新能源	最早开展加氢站业务的国内公司之一，具有完整的建设运营和装备制造能力，拥有100多项专利与软件著作，已完成20余座加氢站建设，包括安亭加氢站、大运会加氢站、云浮加氢站、六安加氢站等
氢枫能源	国内老牌的加氢站公司，在加氢站关键设备方面也具备能力，已建成16座加氢站，在建12座，市场占有率居于国内前列。主要业绩包括电驱动加氢站、爱德曼加氢站、中山大洋电机加氢站、南通百应加氢站等
液空厚普	法液空公司与厚普股份共同投资的合资公司，已完成10余座加氢站建设，2021年在北京大兴建成了全球最大的加氢站，其他业绩还包括郑州宇通加氢站、武汉中极加氢站等
派瑞华氢	依托中船重工718所的技术能力，主要业绩包括武汉铁龙加氢站、佛山南海瑞晖加氢站、北京京辉撬装式加氢站等
富瑞氢能	具备较强的加氢站设备制造、系统集成和技术服务能力，主要业绩包括江桥加氢站、港城加氢站等
海德利森	主要方向是氢能存储和加注设备，也具备加氢站建设能力，主要业绩包括丰田常熟加氢站等
上海驿蓝	舜华新能源子公司，与林德公司等共同投资成立，主要业绩是上海化工区驿蓝加氢站

注　信息来源于各企业网站公开信息。

一○二、氢燃机的工作原理和主要结构是什么？

氢燃机主要包括氢内燃机和氢燃气轮机，最基本的运行原理都是通过燃烧方式，将化学能源（煤、油、气等）转换为机械动力，带动负载。燃用方式通常为纯氢燃烧和双燃料混合燃烧（汽油掺氢、天然气掺氢）。

1. 氢内燃机

氢内燃机可以简单地理解为烧氢气的内燃机。由于体积小、功率低，可应用于小型民用场景，如汽车、备用发电机等。氢内燃机基本原理与普通的天然气内燃机的原理一样，是基本的气缸－活塞式的内燃机，同样是按照"吸气－压缩－做功－排气"4 个冲程来完成化学能向机械能的转化。

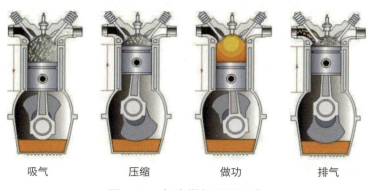

吸气　　　　压缩　　　　做功　　　　排气

图 6-40　氢内燃机原理示意

从结构方面来看，氢内燃机的供氢系统与氢燃料电池汽车相同，发动机本体与天然气发动机类似，增加了氢气喷射系统，后处理主要处理氮氧化物。欧洲、日本、美国、中国都有氢内燃机的技术投入，但更多的是实验室产品和概念车，如曼恩公司计划在2021 年正式推出样车，长城汽车发布了氢内燃机样品。

图 6-41 氢内燃机结构示意

氢气点火系统
废气再循环
氢气燃油系统
发动机控制（ECU）
涡轮增压

图 6-42 曼恩氢内燃机

2. 氢燃气轮机

氢燃气轮机是一种以连续流动的气体为工质，将氢气燃烧的能量转变为有用功，进而带动叶轮高速旋转的动力机械，可在电力、工业、舰船和陆地交通等领域应用。

氢燃气轮机的工作原理是：在氢气燃烧后，通过压缩机不断地从大气中吸进空气并进行压缩，压缩空气进入燃烧室，与注入的氢气燃料混合燃烧，形成高温气体，进入燃气涡轮膨胀做功，推动涡轮叶片与压气机叶轮一起高速旋转，从而产生动力。

从结构方面来看，氢燃气轮机主要由压气机、燃烧室和燃气透平（涡轮）三大部分组成，此外还包括进气过滤系统、控制调节系统、启动系统、润滑油系统、燃料系统、通风系统、外壳及附件齿轮箱等辅助设备。在典型的干式低排放燃烧系统中直接使用氢气含量较少的混氢天然气时，设备不需要对现有设施做改装。采用更高的混氢比例或纯氢作为燃料时，设备应经过进一步改装 / 研发以减轻潜在危险。燃用高富氢燃料或纯氢，需要为不同燃烧条件专门设计燃烧室、新的燃料辅助管道和阀门，以及可能需要升级燃气轮机外壳和通风系统等。

国内氢燃气轮机尚处于发展初期阶段，未具有成熟产品。国

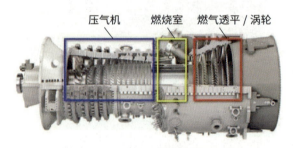

图 6-43　氢燃气轮机结构示意

图 6-44　氢燃气轮机实物示意

际上，传统燃气轮机巨头早已开展了纯氢 / 氢混燃气轮机的相关研究。西门子、通用电气（GE）、三菱重工（Mitsubishi）、安萨尔多（Ansaldo）等均开展了重点技术攻关，并推出了相关产品。现阶段，氢燃气轮机主要处于示范阶段，各示范电站计划逐步从掺氢燃烧过渡至纯氢燃烧，再逐渐扩大规模。典型示范如 GE 在美国长岭（Long Ridge）电站采用的 485MW 7HA.02 燃气轮机，初始掺氢比例为 5%，计划在未来 10 年内过渡至纯氢燃料；西门子在德国莱比锡 Stadtwerke 电厂采用的 SGT-800 燃气轮机，计划先采用 30%~50% 的绿氢混合天然气运行，再逐步过渡至纯氢燃料。此外，美国的贝克休斯（Baker Hughes）和日本川崎重工（Kawasaki）均已推出了小型纯氢燃气轮机的商业化产品。

由于氢气的点火能量低、燃烧速度快、燃烧温度高、氢脆等特性，氢内燃机与氢燃气轮机尚需解决早燃、回火、过热、燃烧稳定性差异、NO_x 排放高和金属材料脆化等技术问题，以实现现阶段燃气轮机的燃氢升级替代。

一〇三、氢燃料电池发电与氢燃气轮机发电各自有何特点？

随着电力行业对深度脱碳要求的进一步提高，氢能在电力系统的应用受到广泛关注。氢能发电主要包括氢燃料电池发电及氢燃气轮机发电两种技术路线。氢作为燃气轮机或燃料电池的燃料，均可实现绿色清洁发电，可以有效减少电力行业的碳排放。这两种氢能发电方式各自优缺点如下：

就技术成熟度而言，燃料电池发电技术已经成熟，主要用于靠近用户的分布式热电联供系统或中小型分布式电站，具有效率高、噪声低、体积小、零排放的优势，质子交换膜燃料电池和固体氧化物燃料电池技术均已得到成功应用。燃气轮机的工业体系已经非常成熟，但氢燃气轮机技术尚处于探索阶段，微型燃气轮机已实现使用 100% 纯氢燃料，重型燃气轮机尚未具备燃烧纯氢燃料的能力。日本三菱建立了首个掺氢比为 30% 的氢燃料发电厂，美国通用可实现 50% 的最高掺氢比。各国已在开发可燃烧 100% 氢燃料的重型燃气轮机产品。

氢能发电，效率是最受关注、最重要的因素之一。在效率方面，固定式燃料电池发电系统效率可达 50%~60%，在系统功率较小时，效率最高可以达到 60% 以上。单纯的燃气轮机发电效率较低，西门子可实现燃气轮机单循环的最高系统效率约为 41%，远低于燃料电池。但由于燃气轮机尾气温度很高，可以采用燃气－蒸汽联合循环。燃气－蒸汽联合循环由燃气轮机、余热锅炉、蒸汽轮机和发电机组成，在燃气单循环基础上叠加了一个汽水循环流程，将高温排烟余热转化为电能，机组整体效率较高。60MW 等级燃气－蒸汽联合循环的效率为 46% 以上，300MW 等级的效率为 55% 以上，最高的系统效率可达 60% 以上。因此，单一的氢燃气轮机发电效率远低于燃料电池发电，但 100MW 等级以上的大型燃气－蒸汽联合循环系统的发电效率可基本与燃料电池持平。由于小型和微型燃气轮机很少会使用联合循环，所以小型和微型燃气轮机的效率远低于燃料电池。

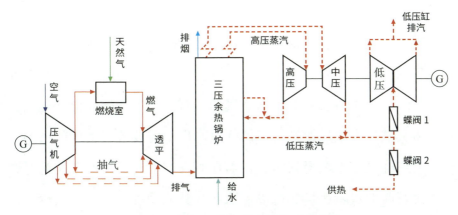

图 6-45　燃气－蒸汽联合循环系统示意

在发电规模方面，燃料电池使用比较灵活，可以用于千瓦级至百千瓦级的分布式发电系统，也可以很多模块组成大型燃料电池发电系统，因此燃料电池可以广泛应用于千瓦级至百兆瓦级的各种规模的发电系统。燃气轮机发电站一般为百兆瓦级别，燃气轮机单体最大功率近 600MW，由于燃气轮机在功率较低的场景下效率远低于燃料电池，因此氢燃气轮机比较适宜于大型发电站，应用范围相对较窄。

就成本而言，国际上先进水平的燃料电池产品，如丰田 Mirai 二代燃料电池电堆的成本约为 800 元 /kW，提高产量可使成本进一步下探；国内燃料电池系统售价区间为 3000~4000 元 /kW，随着关键材料国产化、量产规模增大，价格在近期可低至 1000 元 /kW。我国引进的重型 9F 燃气轮机单位造价为 3000~4000 元 /kW，燃气 – 蒸汽联合循环发电站的投资费用为 4000~5000 元 /kW。因此，燃气轮机发电与燃料电池发电的成本相差不大，燃气 – 蒸汽联合循环发电的成本略高于燃料电池发电。但考虑到燃料电池成本下降迅速，而燃气轮机技术相对成熟，成本下降空间较小，因此预期燃料电池发电系统的成本将会更低。氢燃气轮机有一个潜在的优势，就是有可能将天然气发电厂改造为氢燃气发电厂，可以节省新增的成本。因为使用纯氢或富氢燃料时，仅需在原有燃气轮机发电系统上对燃烧器进行改造或者替换，可以保留系统其他设备，减少将天然气发电厂转换成氢燃气发电厂的新增成本。

从污染物排放方面来看，氢燃料电池只产生清洁的水，不会生成任何污染物和碳排放，真正实现零污染。氢燃气轮机发电虽然也不产生碳排放，但与氢燃料电池发电相比，由于其在高温下工作，仍会存在 NO_x 污染物排放。

此外，燃气轮机是转动设备，可以为电网增加部分转动惯量，具备一定的调频能力。燃气轮机发电机组并网后与电网保持同步频率，能对频率变化即刻作出反应，因此在保留一定的备用负荷的情况下，可参与一次调频。燃料电池产生的是直流电，不具备一次调频能力。

总体来说，随着可再生能源发电比例逐步提高，氢燃料电池发电和氢燃气轮机发电将得到快速发展。燃料电池在从千瓦级到数百兆瓦级的应用场景范围内均可以得到应用，适用范围广泛，尤其是对于难以通过电网或蓄电池持续供能的分布式场景，氢燃料电池发电是技术可行且经济性高的解决方案。氢燃料电池使用灵活，零碳零污染，成本下降空间巨大，未来将是氢能发电的主要技术方式。燃气轮机的工业体系较为成熟，未来将朝着大功率、高效率、低排放、燃料多样化及长寿命方向发展，在大型氢能发电场景具备发展空间。

一〇四、氢燃料电池发动机与氢内燃机各自有何特点？

低碳化是汽车行业的重要发展趋势和升级方向，氢能汽车因其低碳、绿色的特点受到广泛关注。氢燃料电池技术和氢内燃机技术是氢能汽车的两种主要技术路线，多数氢能汽车采用氢燃料电池作为动力系统，氢燃料电池汽车在过去几十年内获得了很大的技术进步。氢内燃机出现得很早，一百年前就有人研究过氢内燃机，最近几年，氢内燃机也重新引起了人们的重视，主流商用车整车厂对氢内燃机展开了可行性研究。这两种氢燃料发动机各自优缺点如下：

从效率方面来看，内燃机效率是热效率、燃烧效率、机械效率三者的乘积，因为机械效率、燃烧效率都能达到95%左右，通常比较的是内燃机的热效率。普通内燃机热效率为30%~40%，当使用氢燃料时，火焰传播速度更快，放热更集中，可以使内燃机热效率提高，如宝马Hydrogen 7轿车的验证机达到了最高的热效率42%，广汽自主研发的氢内燃机在试验阶段热效率有望突破44%等。相比之下，氢燃料电池的效率普遍能达到50%以上，在合适的工况下最高能达到60%以上。因此，从效率方面来看，氢燃料电池具有明显的优势。

图 6-46 宝马 Hydrogen 7 氢内燃机汽车

就技术成熟度而言，氢燃料电池研发起步早，技术专利积累多，已应用于城市客车、城郊客车、轻型卡车、中型卡车、重型卡车、物流车、港口牵引车等不同车型，无论是从汽车品牌数量还是从量产程度来看，氢燃料电池技术发展更迅速、更成熟。氢内燃机发展较为缓慢，主要在传统发动机的基础上进行改造，随着缸内直喷氢气喷射技术和涡轮增压技术的进步，升功率和升扭矩均获得了很大提升，但还需要解决易早燃、易回火等技术难题。

在污染物排放方面，氢内燃机在高温、高压及富氧条件下会产生热力型氮氧污染物 NO_x，车企尝试通过降低燃烧温度来抑制 NO_x 的产生，但这样仅能抑制并不能完全消除污染物，还会让氢内燃机的性能大幅下降。相比之下，氢燃料电池清洁无污染，不会产生 NO_x 排放。

从续航方面来看，以 2007 年的宝马 Hydrogen 7 轿车为例，百公里耗氢量为 3.7kg。与之相对比的，燃料电池乘用车百公里耗氢量约为 1kg，氢燃料电池的续航性能具有明显优势。

就成本而言，氢内燃机可以直接在传统汽油发动机的基础上进行改造，对燃料供应与喷射系统、安全防护系统及控制等方面做一些改动，车身其他总成部件可以继续沿用，具有一定的成本优势。

总体来说，氢燃料电池汽车符合汽车电动化的趋势，可以适用于各种车辆应用，在效率、续航、污染物排放方面比氢内燃机汽车有着明显的优势，已有批量化量产产品。氢内燃机汽车虽然已有一些样车研发出来，但限于效率低等问题，未能有量产型产品产生。未来，氢燃料电池汽车将是氢能汽车的主流，但在少数领域，例如在赛车这种不考虑经济性的场合，氢内燃机汽车仍有用武之地。

一〇五、绿氢用于化工领域是否具备经济性？

氢气在化工领域有着广泛的应用。例如，可作为化工原料用于生产合成氨、甲醇等化工产品的加氢反应；纯度大于 99% 的氢气可用于原油炼制过程的加工精制、净化。

合成氨作为化肥工业和有机化工的主要原料，需求量日益增长，是我国化工领域氢气的最大用户。煤或焦炭制取氢气（灰氢），经净化处理后合成氨，该过程能耗高，转化效率低。每生产 1t 合成氨会产生 4.9t 二氧化碳。中国年产氨近 5000 万 t，如果全部采用绿氢替代灰氢，可以降低超过 2 亿 t 的碳排放。

氢是煤化工行业的重要原料，如煤制甲醇等均需要用到大量氢气。甲醇是煤化工行业重要的中间体，每年我国消费的甲醇总量超过 5000 万 t。煤化工行业广泛采用重整反应（煤制氢）技术路线获得二氧化碳和氢气混合物，然后作为原料气一同进入后端生产系统来制造甲醇。这种技术路线中约有 20% 的碳富余，导致大量二氧化碳排放。如果采用绿氢作为原料进行补充，可实现过程中的碳氢比例平衡，从而将所有的碳固化在化工产品中，实现净零排放。此外，采用碳捕集获得的二氧化碳与绿氢合成甲醇，也是一种有效降低碳排放的方法。

石油炼化行业对氢气也有大量需求，加工 1t 原油的需耗氢量约为 $50m^3$（标况），而随着对油品质量要求的提高，每年对氢气的需求持续增加，采用绿氢替代炼化行业中的灰氢具有很大的减排空间。

限制绿氢在化工领域推广应用的主要原因是绿氢成本高，经济性与灰氢相比劣势较大。造成绿氢成本高的主要原因有：一是当前可再生能源电力成本高，制氢的用电费用较高；二是由于电解槽装备产业尚未形成规模经济效益，电解设备成本较高；三是绿氢的制取需要靠近可再生能源丰富的地区，无法做到像化石能源制氢一样在厂区随制随用，产生了较高的储运成本。

未来随着可再生能源电力价格降低、制氢设备成本大幅下降、碳税价格上升，绿氢经济性将逐步提高，有预测预计 10 年内绿氢成本将低至 15 元 /kg 以下，而灰氢由于碳税增加，成本将增至 15 元 /kg 左右，绿氢成本将与灰氢持平。因此，绿氢在化工领域中的应用在未来具备很大的潜力。

一〇六、氢气炼钢是否可行？

　　我国钢铁产量约 10 亿 t，占全球钢铁产量的 51.33%，每生产 1t 钢需要消耗约 560kg 标准煤，碳排放强度达到 2.1t，约占我国碳排放总量的 15%。一直以来，钢铁行业是去产能、调结构、促转型的重点行业，是实现减排目标的重要突破口。如果采用可再生能源制取的绿氢取代焦炭进行炼钢，不仅可以实现钢铁行业的深度减排，还能提高铁矿石的还原效率，有效提高产品质量。

图 6-47　氢能炼钢示意

　　从原理上来说，氢能炼钢是可行的。氢能炼钢是用反应式（6-1）和式（6-2）

$$Fe_2O_3 + 3H_2 \longrightarrow 2Fe + 3H_2O \qquad （6-1）$$

$$FeO + H_2 \longrightarrow Fe + H_2O \qquad （6-2）$$

来替代传统的焦炭作为还原剂的化学反应，即反应式（6-3）和式（6-4）。

$$Fe_2O_3 + 3CO \longrightarrow 2Fe + 3CO_2 \qquad （6-3）$$

$$FeO + C \longrightarrow Fe + CO \qquad\qquad (6\text{-}4)$$

　　钢铁行业每年生产并消耗掉含有 1400 万 t H_2 的混合气，其中高炉炼铁每年约使用 900 万 t，占全球混合氢使用量的 20% 左右，电炉炼铁约每年消耗 400 万 t，占全球混合氢使用量的 10%。然而，这些过程中的氢气是采用化石燃料炼钢的中间产品，无法实现减少排放和污染的作用。只有采用可再生能源制取的氢代替碳作为还原剂，将还原反应中的碳排放转为水排放，才能实现零碳炼钢过程。除减碳优势之外，氢气还是直接还原铁（DRI）生产优质钢和特种钢的必备原材料之一。

　　氢冶金包括富氢还原高炉、氢冶金气基竖炉、氢冶金熔融还原等工艺。其中，富氢还原高炉技术相对成熟，部分已实现工业化应用，但碳减排效果相对有限，减排能力在 10%~20%；氢冶金气基竖炉直接还原工艺将还原气体从原来的天然气裂解制气、焦炉煤气改质制气及煤制气逐步转变为氢气，最终实现全氢还原，其碳减排能力可达 50%~98%，是当前的重点研发方向；氢冶金熔融还原多处于实验室研究阶段，工业化尚未成熟。

　　在技术方面，氢能炼钢存在一些特殊的难点。如输送纯氢的金属材料在高温下易出现氢脆现象，氢冶金工艺中氢气注入喷嘴的材质要求比较严苛。在工艺方面，氧化铁与氢气结合效率低，氢气需在炉腔多次循环，需要在循环气有效氢气比例和循环量计算方面开展研究工作。

世界上各钢铁大国如瑞典、德国、日本、美国等均已在推动氢冶金示范工程建设，典型氢能炼钢的示范项目有瑞典钢铁发起的HYBRIT 项目、德国萨尔茨吉特钢铁公司发起的 SALCOS 项目、奥钢联 H₂Future 项目等，均采用可再生能源制氢作为还原剂的基本思路。国内多家钢铁企业也已启动氢冶金研究及示范。2021 年4 月，宝武集团富氢碳循环高炉试验进入第二阶段工程建设。2020年，河钢集团与意大利特诺恩签订的全球首例 120 万 t 氢冶金示范工程项目有了实质性突破，一座 60 万 t 的直接还原厂已签约建设。2021 年，内蒙古赛思普投资建设的国内首条氢基熔融还原高纯生铁生产线正式建成，并成功出铁 156t。

表 6-16　国际上氢冶金典型示范项目

国家 / 团体	开展项目	地点	概况	进展
日本新能源产业技术综合开发机构（NEDO）	COURSE50	日本	委托神户制钢、JFE、新日铁、新日铁工程公司、住友金属、日新制钢 6 家公司共同开展的"环境友好型炼铁技术开发"项目	2018 年 11 月完成第五次试验，计划 2022 年开展实际高炉试验
欧盟"地平线2020"项目（Horizon2020）	H₂Future	奥地利	奥钢联（voestalpine）、VERBUND、西门子、奥地利电网、K1-MET 和 TNO 联合研发，欧盟 1800 万欧元支持，周期 4.5 年	2020 年 1 月投产
瑞典	"无二氧化碳钢铁工业"计划	瑞典	钢铁企业 SSAB、矿业公司 LKAB 和能源公司 Vattenfall，开展内容包括无化石燃料的球团生产工艺、以氢气为原料的直接还原工艺、在电炉中采用海绵铁	预计 2024 年中试工厂研究和测试，2035 年进行示范工厂测试

续表

国家/团体	开展项目	地点	概况	进展
蒂森克房伯	H₂morrow	荷兰埃姆沙文沿岸、德国北海岸	蒂森克房伯、德国天然气管道运营商 OGE 以及挪威国家石油公司 Equinor 开展联合研究，在无法提供足够数量的其他类型氢气，尤其是绿色氢气的情况下，将首先向蒂森克房伯杜伊斯堡工厂供应蓝色氢气	2021 年 1 月完成联合可行性研究，最早将于 2027 年建立整个项目的价值链
安赛乐米塔尔	氢气炼铁	德国汉堡	与日本神户制钢联合开展项目建设，利用天然气和焦炉煤气中回收的氢炼铁	预计 2021 年提供 12 万 t "绿色钢铁"

表 6-17 国内氢冶金典型示范项目

企业	合作对象	地点	概况	进展
赛思普	北京科技大学等科研单位	内蒙古	开发第一代氢基熔融还原赛思普新工艺，关键设备及零部件实现国产化，年还原用氢 1 万 t	2021 年 4 月成功出铁
中晋太行矿业	德国 MME 公司、中国石油大学	山西晋中	中国石油大学：焦炉煤气干重整工艺研发和技术转化；MME：设计新高效竖炉；中晋太行：国产化改造	2020 年 12 月首台套 30 万 t 氢基竖炉试车
宝武集团	中核集团、清华大学	新疆乌鲁木齐（八一钢铁）	核能制氢（高温气冷堆）；氢能冶金	正进行富氢碳循环高炉建设
河钢集团	意大利特诺恩集团、中冶京诚	河北张家口宣化地区	氢冶金技术方，共同研发建设全球首个 120 万 t 规模的氢冶金示范工程	2019 年 11 月签约，计划 2021 年建成
酒钢集团		甘肃嘉峪关	以高炉瓦斯灰为原料，开展煤基氢冶金中试（获取氧化锌）	2020 年 6 月二次试车成功
中国钢研	京华日钢	—	开展具有中国自主知识产权的首台套年产 50 万 t 氢冶金及高端钢材制造项目建设	2020 年 5 月签约

综上所述，氢能用于炼钢是可行的，也将是未来氢能重要的应用方向之一。但是当前阶段，氢还原炼铁工艺尚不成熟，还处于示范验证阶段。据韩国钢铁协会（KOSA）估计，低碳炼铁技术将在

2025 年左右实现技术相对成熟，在 2030 年左右实现商业化。未来随着氢还原炼铁工艺的成熟、空气污染物排放标准的提高、电解水制氢成本的大幅下降，以及国家相关补贴政策的出台，采用绿氢进行钢铁冶炼将成为低碳炼铁的主流方向，也是钢铁行业绿色化的主要出路。

参考文献

[1] 李星国. 氢与氢能 [M]. 北京：机械工业出版社，2012.

[2] 李庆润. 氢气传感器研究进展 [J]. 安全、健康和环境，2021，21(9):14-19.

[3] 徐政一，张鹏远，孟国哲. 金属氢渗透研究综述 [J]. 表面技术，2019(11):45-58.

[4] 张慧云. 钢中氢脆的研究现状 [J]. 山西冶金，2020, 187(5):5-7.

[5] IEA. Net Zero by 2050: A Roadmap for the Global Energy Sector[R]. 2021.

[6] Hydrogen Council. Hydrogen scaling up: A sustainable pathway for the global energy transition[R]. 2017.

[7] 普华永道思略特. 氢能源行业前景分析与洞察 [R]. 2021.

[8] IEA. The Future of Hydrogen: Seizing today's opportunities[R]. 2019.

[9] Secretary of State for Business, Energy & Industrial Strategy of UK. UK Hydrogen Strategy[R]. 2021.

[10] IRENA. Green Hydrogen: A guide to policy making[R]. 2020.

[11] Anthony Kosturjak, Tania Dey, Michael Young, et. Advancing

Hydrogen: Learning from 19 plans to advance hydrogen from across the globe[R]. 2019.

[12] 孙玉玲，胡智慧，秦阿宁，等 . 全球氢能产业发展战略与技术布局分析 [J]. 世界科技研究与发展，2020, 42(4):455-465.

[13] 武正弯 . 德澳加日四国氢能战略比较研究 [J]. 国际石油经济，2021, 29(4):60-66.

[14] 中国标准化研究院，等 . 氢能与燃料电池产业标准汇编 [M]. 北京：中国标准出版社，2020.

[15] 吴素芳 . 氢能与制氢技术 [M]. 杭州：浙江大学出版社，2014.

[16] 毛宗强，毛志明，余皓，等 . 制氢工艺与技术 [M]. 北京：机械工业出版社，2018.

[17] 韩红梅，杨铮，王敏，等 . 我国氢气生产和利用现状及展望 [J]. 中国煤炭，2021, 47(5):59-63.

[18] 中国电动汽车百人会 . 中国氢能产业发展报告 2020[R]. 2020.

[19] 张凯鹏 . 富氢气体回收优化对策 [J]. 能源化工，2020, 41(6):21-24.

[20] 陶宇鹏 . 不同氢气净化提纯技术在煤制氢中的经济性分析 [J]. 四川化工，2021(4):13-16.

[21] 王金亮，黑悦鹏 . 氢的现代分离与纯化技术 [J]. 齐鲁石油化工，2021, 49(3):235-244.

[22] Furat Dawood, Martin Anda, G.M. Shafifiullah. Hydrogen

production for energy: An overview[J]. International Journal of Hydrogen Energy, 2020(45):3847-3869.

[23] 宋小云，白子为，张高群，等 . 适于 PEM 燃料电池的工业副产氢气纯化技术及其在电网中的应用前景 [J]. 全球能源互联网，2021, 4(5):447-453.

[24] S.A. Grigoriev, V.N. Fateev, D.G. Bessarabov, et. Current status, research trends, and challenges in water electrolysis science and technology [J]. International Journal of Hydrogen Energy, 2020(45): 26036-26058.

[25] S.A. Grigoriev, V.N. Fateev, D.G. Bessarabov, et. Recent development in electrocatalysts for hydrogen production through water electrolysis [J]. International Journal of Hydrogen Energy, 2021(46): 32284-32317.

[26] Merve Ozturk, Ibrahim Dincer. A comprehensive review on power-to-gas with hydrogen options for cleaner applications[J]. International Journal of Hydrogen Energy, 2021(46): 31511-31522.

[27] Fariba Safifizadeh, Edward Ghali, Georges Houlachi. Electrocatalysis developments for hydrogen evolution reaction in alkaline solutions-A Review[J]. International Journal of Hydrogen Energy, 2015(40): 256-274.

[28] Marcelo Carmo, David L. Fritz, Jurgen Mergel, et. A comprehensive

review on PEM water electrolysis[J]. International Journal of Hydrogen Energy, 2013(38): 4901-4934.

[29] 陈婷，王绍荣 . 固体氧化物电解池电解水研究综述 [J]. 陶瓷学报，2014, 35(1):1-6.

[30] 李勇勇，马征，冷志忠，等 . 固体氧化物电解池氧电极的研究进展 [J]. 陶瓷学报，2021, 42(4):523-536.

[31] 俞红梅，邵志刚，侯明，等 . 电解水制氢技术研究进展与发展建议 [J]. 中国工程科学，2021, 23(2):146-152.

[32] 纪钦洪，徐庆虎，于航，等 . 质子交换膜水电解制氢技术现状与展望 [J]. 现代化工，2021, 41(4):72-81.

[33] 何泽兴，史成香，陈志超，等 . 质子交换膜电解水制氢技术的发展现状及展望 [J]. 化工进展，2021, 40(9):4762-4773.

[34] 林才顺 . 质子交换膜水电解技术研究现状 [J]. 湿法冶金，2010, 29(2):75-78.

[35] 范芷萱，俞红梅，姜广，等 . PEM 水电解池低成本阳极钛纤维毡扩散层研究 [J]. 电源技术，2020, 44(7):933-936.

[36] Muhammad Aziz, Arif Darmawan, Firman Bagja Juangsa. Hydrogen production from biomasses and wastes: A technological review[J]. International Journal of Hydrogen Energy, 2021(46): 33756-33781.

[37] 黄国勇 . 氢能与燃料电池 [M]. 北京：中国石化出版社，2020.

[38] 万晶晶，张军，王友转，等 . 海水制氢技术发展现状与展望 [J]. 世界科技研究与发展，2021:1-10.

[39] 申雪然，冯彩虹，代政，等 . 电解海水制氢的研究进展 [J]. 化工新型材料，2021:1-6.

[40] 刘红梅，徐向亚，张蓝溪，等 . 储氢材料的研究进展 [J]. 石油化工，2021, 50(10):1101-1107.

[41] 孙延寿，李旭航，王云飞，等 . 氢气储运技术发展综述 [J]. 山东化工，2021(50):96-98.

[42] 殷卓成，马青，郝军，等 . 氢能储运关键技术及前景分析 [J]. 辽宁化工，2021, 50(10):1480-1487.

[43] Abdalla Abdallaa, Shahzad Hossaina, Ozzan Nisfifindy, et. Hydrogen production, storage, transportation and key challenges with applications: A review[J]. Energy Conversion and Mangement, 2018(165): 602-627.

[44] Yoshitsugu Kojima. Hydrogen storage materials for hydrogen and energy carriers[J]. International Journal of Hydrogen Energy, 2019(44): 18179-18192.

[45] 殷卓成，杨高，刘怀，等 . 氢能储运关键技术研究现状及前景分析 [J]. 现代化工，2021(9).

[46] 高佳佳，米媛媛，周洋，等 . 新型储氢材料研究进展 [J]. 化工进展，2021, 40(6):2962-2971.

[47] 于海泉，杨远，王红霞，等．高压气态储氢技术的现状和研究进展 [J].设备监理，2021(2):1-4.

[48] 李建，张立新，李瑞懿，等．高压储氢容器研究进展 [J]. 储能科学与技术，2021, 10(5):1835-1844.

[49] 郑津洋．高安全低成本大容量高压储氢 [J]. 浙江大学学报（工学版），2020, 54(9):1655-1657.

[50] 高惠民．解析丰田燃料电池轿车 Mirai 高压储氢系统 [J]. 新车新技术，2021(3).

[51] 郭志钒，巨永林．低温液氢储存的现状及存在问题 [J]. 低温技术，2018, 47(6):21-29.

[52] 曹军文，覃祥富，耿嘎，等．氢气储运技术的发展现状与展望 [J].石油学报（石油加工），2021(6).

[53] 张四奇．固体储氢材料的研究综述 [J]. 材料研究与应用，2017, 11(4):211-223.

[54] 马通祥，高雷章，胡蒙均，等．固体储氢材料研究进展 [J].功能材料，2018, 4(49):04001-04006.

[55] 张秋雨，杜四川，马哲文，等．镁基储氢材料的研究进展 [J]. 科学通报，2021(66).

[56] 刘云，景朝俊，马则群，等．固体储氢新材料的研究进展 [J]. 化工新型材料，2021(5).

[57] 赵琳，张建星，祝维燕，等．液态有机物储氢技术研究进展 [J].

化学试剂，2019, 41(1):47-53.

[58] 邱方程，郭新良，郑欣，等. 液态有机储氢材料的常见体系及进展 [J]. 广东化工，2021, 48(446):101-102.

[59] 宋鹏飞，侯建国，穆祥宇，等. 液体有机氢载体储氢体系筛选及应用场景分析 [J]. 天然气化工 -C1 化学与化工，2021, 46(1):1-5.

[60] Ahmed M. Elberry, Jagruti Thakur, Annukka Santasalo-Aarnio, et. Large-scale compressed hydrogen storage as part of renewable electricity storage systems[J]. International Journal of Hydrogen Energy, 2021(46): 15671-15690.

[61] Joakim Andersson, Stefan Gronkvist. Large-scale storage of hydrogen [J]. International Journal of Hydrogen Energy, 2019(44): 11901-11919.

[62] Jinyang Zheng, Xianxin Liu, Ping Xu, et. Development of high pressure gaseous hydrogen storage technologies [J]. International Journal of Hydrogen Energy, 2012(37): 1048-1057.

[63] Zheng J. Research state of the art and knowledge gaps in high pressure hydrogen storage [EB/OL]. https:// hysafe.info/wp-content/uploads/2016/09/07_Research State-of-the-Art-and-Knowledge-Gaps-in-High-Pressure-Hydrogen-Storage.pdf.

[64] 付盼，罗淼，夏焱，等. 氢气地下存储技术现状及难点研究 [J].

中国井矿盐，2020(6):19-23.

[65] 柏明星，宋考平，徐宝成，等 . 氢气地下存储的可行性、局限性及发展前景 [J]. 地质评论，2014, 60(4):748-754.

[66] 徐也茗，郑传明，张韫宏，等 . 氨能源作为清洁能源的应用前景 [J]. 化学通报，2019,82(3):214-220.

[67] S. Mazzone, A. Campbell, G. Zhang, et. Ammonia cracking hollow fifibre converter for on-board hydrogen production[J]. International Journal of Hydrogen Energy, 2021(46): 37697-37704.

[68] Krystina E. Lamb, Michael D. Dolan, Danielle F. Kennedy. Ammonia for hydrogen storage; A review of catalytic ammonia decomposition and hydrogen separation and purifification[J]. International Journal of Hydrogen Energy, 2019, 44(7): 3580-3593.

[69] 李建林，李光辉，马速良，等 . 氢能储运技术现状及其在电力系统中的典型应用 [J]. 现代电力，2021, 38(5):535-545.

[70] 宋鹏飞，单彤文，李又武，等 . 天然气管道掺入氢气的影响及技术可行性分析 [J]. 现代化工，2020, 40(7):5-10.

[71] 佛朗诺·巴尔伯 . PEM 燃料电池：理论与实践 [M]. 2 版 . 北京：机械工业出版社，2016.

[72] 章俊良，蒋峰景 . 燃料电池：原理、关键材料和技术 [M]. 上海：上海交通大学出版社，2014.

[73] 尚凤杰，李沁兰，石永敬，等 . 固体氧化物燃料电池电解质材

料的研究进展 [J]. 功能材料，2021,52(6):06076-06089.

[74] XiaoZi Yuan, Christine Nayoze-Coynel, Nima Shaigan. A review of functions, attributes, properties and measurements for the quality control of proton exchange membrane fuel cell components[J]. Journal of Power Sources, 2021(491): 229-540.

[75] 金守一，赵洪辉，盛夏，等．车用燃料电池膜电极制备方法综述 [J]. 汽车文摘，2021(11): 17-24.

[76] 邢以晶，刘芳，张雅琳，等．质子交换膜燃料电池膜电极制备方法的研究进展 [J]. 化工进展，2021, 40(S1): 281-290.

[77] 李云飞，王致鹏，段磊，等．质子交换膜燃料电池有序化膜电极研究进展 [J]. 化工进展，2021, 40(S1): 101-110.

[78] 汪嘉澍，潘国顺，梁晓璐，等．转印法制备质子交换膜燃料电池膜电极组件 [J]. 电源技术，2014, 38(6): 1003-1005.

[79] 王敏键，陈四国，邵敏华，等．氢燃料电池电催化剂研究进展 [J]. 化工进展，2021(9): 4948-4961.

[80] 李雅银，袁萌伟，王迪．氢燃料电池阴极氧还原反应电催化剂研究进展 [J]. 北京师范大学学报（自然科学版），2021, 57(5): 694-707.

[81] 张杜娟，杨雪嘉，刘倩倩，等．质子交换膜燃料电池铂基催化剂技术发展 [J]. 船电技术，2021, 41(11): 27-30.

[82] 苗珍珍，史莹飞，秦晓平．燃料电池 Pt 和 Pt 合金催化剂制备

方法综述 [J]. 电池，2021(11).

[83] 俞博文. 氢燃料电池质子交换膜研究现状及展望 [J]. 塑料工业，2021, 49(9):6-10.

[84] 谢玉洁，张博鑫，徐迪. 燃料电池用新型复合质子交换膜研究进展 [J]. 膜科学与技术，2021, 41(4):177-186.

[85] Reza Omrani, Bahman Shabani. Gas diffusion layer modifications and treatments for improving the performance of proton exchange membrane fuel cells and electrolysers: A review[J]. International Journal of Hydrogen Energy, 2017(42): 28515-28536.

[86] 曹婷婷，崔新然，马千里，等. 质子交换膜燃料电池气体扩散层研究进展 [J]. 汽车文摘，2021(3): 8-14.

[87] 陈辉，沈志刚. 质子交换膜燃料电池用碳纤维纸的研究进展 [J]. 合成纤维工业，2021, 44(3): 78-83.

[88] 周兆云，王华平，王朝生. 用于燃料电池碳纤维纸的研究进展 [J]. 材料导报，2007(07): 108-110.

[89] 刘颖，赵洪辉，盛夏，等. 质子交换膜燃料电池双极板材料及制备综述 [J]. 汽车文摘，2021(5):48-54.

[90] 华日升，张文泉，程利冬，等. 燃料电池金属双极板设计与成形技术综述 [J]. 精密成形工程，2021(9).

[91] 冯利利，汤思遥，陈越. 质子交换膜燃料电池金属双极板表面改性研究进展 [J]. 中国科学：化学, 2021, 51(8): 1018-1028.

[92] 孟豪宇，唐泽辉，闫承磊，等 . 燃料电池复合材料双极板的研究现状与发展 [J]. 复合材料科学与工程，2021(4): 124-128.

[93] 傅家豪，邹佩佩，余忠伟，等 . 氢燃料电池关键零部件现状研究 [J]. 汽车零部件，2020, (12): 102-105.

[94] 张微 . 新能源汽车燃料电池技术产业发展现状分析 [J]. 金属功能材料，2021, 28(3):23-28.

[95] 周拓，白书战，孙金辉，等 . 车用燃料电池专用空压机的现状分析 [J]. 压缩机技术，2021(1): 39-44.

[96] ANL. Energy Systems D3 2016 Toyota Mirai.

[97] 戴海峰，裴冯来，郝冬，等 . 燃料电池电动汽车安全指南 [M]. 北京：机械工业出版社，2020.

[98] 包科杰，周贺 . 汽车修理工能力进阶系列丛书：汽车新技术应用 [M]. 2 版 . 北京：北京理工大学出版社，2019.

[99] Nonobe, Yasuhiro. Development of the fuel cell vehicle mirai[J]. IEEJ Transactions on Electrical and Electronic Engineering, 2017, 12(1):5-9.

[100] 储鑫，周劲松，刘东华，等 . 国内外氢燃料电池汽车发展状况与未来展望 [J]. 汽车实用技术，2019(4):3.

[101] M. Muthukumar, N. Rengarajan, B. Velliyangiri, et. The development of fuel cell electric vehicles: A review[J]. Materials Today, 2021(45): 1181-1187.

[102] L. Fan, Z. Tu, S.H. Chan. Recent development of hydrogen and fuel cell technologies: A review[EB/OL]. Energy Reports (2021), https://doi.org/10.1016/j.egyr.2021.08.003.

[103] 中汽协会行业信息部 . 2021 年 10 月汽车工业经济运行情况 [EB/OL]. http://www.caam.org.cn/chn/4/cate_39/con_5234955.html.

[104] Geoffrey Reverdiau, Alain Le Duigou, Thierry Alleau, et. Will there be enough platinum for a large deployment of fuel cell electric vehicles? [J]. International Journal of Hydrogen Energy, 2021, 46:39195-39207.

[105] 赵羿羽 . 全球零排放船舶研发最新进展 [J]. 中国船检，2021(10): 64-67.

[106] 黄河，徐文珊，李明敏 . 氢燃料电池船舶动力的发展与展望 [J]. 广东造船，2021(4):28-30.

[107] 李勇 . 船舶氢燃料电池应用研究 [J]. 内燃机与配件，2021: 238-239.

[108] 张扬军，彭杰，钱煜平，等 . 氢能航空的关键技术与挑战 [J]. 航空动力，2021(1):20-23.

[109] 王翔宇 . 氢动力飞行发展展望 [J]. 航空动力，2021(1):24-28.

[110] 令狐磊，王磊，张财志，等 . 无人机用燃料电池动力系统分析 [J]. 研究电力电子技术，2020, 54(12):47-51.

[111] 13th Annual assessment of H2stations.org by LBST[EB/OL].

https://www.h2stations.org/press-release-2021-recordnumber-of-newly-opened-hydrogen-refeulling-stations-in-2020/.

[112] Zheng Tian, Hong Lv, Wei Zhou, et. Review on equipment confifiguration and operation process optimization of hydrogen refueling station[EB/OL]. International Journal of Hydrogen Energy, https://doi.org/10.1016/ j.ijhydene.2021.10.238.

[113] Apostolou D, Xydis G. A literature review on hydrogen refuelling stations and infrastructure. Current status and future prospects [J]. Renew Sustain Energy Rev, 2019(113).

[114] 叶召阳 . 外供氢加氢站工艺流程及设备研究 [J]. 中国资源综合利用，2020, 38(12):92-95.

[115] 张彦纯 . 加氢站主要工艺设备选型分析 [J]. 上海煤气，2019(6):10-13.

[116] 郝加封，张志宇，朱旺，等 . 加氢站用氢气压缩机研发现状与思考 [J]. 中国新技术新产品，2020(6):22-24.

[117] 郝加封，曲伟强，滕磊军，等 . 加氢站加氢枪特点与技术研发难点 [J]. 中国新技术新产品，2020(2):35-39.

[118] 张志芸，张国强，刘艳秋，等 . 我国加氢站建设现状与前景交通 [J]. 行业节能，2018(6):16-19.

[119] 王强，徐向阳 . "双碳"背景下现代煤化工发展路径研究 [J]. 现代化工，2021, 41(11): 1-8.

[120] 李陆山. 关于煤化工企业二氧化碳减排研究 [J]. 山西化工，2021, 41(04):267-268.

[121] 王明华. 绿氢耦合煤化工系统的性能分析及发展建议 [J]. 现代化工，2021(09).

[122] 徐匡迪. 低碳经济与钢铁工业 [J]. 钢铁，2010, 45(3):1.

[123] 潘聪超，庞建明. 氢冶金技术的发展溯源与应用前景 [J]. 中国冶金，2021, 31(9): 73-77.

[124] 于蓬，郑金凤，王健，等. 氢在钢铁生产中的应用及趋势 [J]. 科学技术创新，2019(29): 152-154.

[125] 王定武. "氢冶金" 发展现状及未来前景 [J]. 冶金管理，2021(7): 47-49.

[126] 李少飞，顾华志，黄奥. 钢铁行业氢冶金技术的发展初探 [J]. 耐火材料，2021, 55(4): 360-363.